# 营养专家推荐的

150道

# 儿童增高食谱

[日]中野康伸 矶村优贵惠 主编

周 朋 白煜杨 贾广媛 译

周永利 张葆青 审校

山东科学技术出版社

**图书在版编目（CIP）数据**

营养专家推荐的150道儿童增高食谱 /（日）中野康伸，（日）矶村优贵惠主编；周朋，白煜杨，贾广媛译. —济南：山东科学技术出版社，2019.7
　ISBN 978-7-5331-9813-8

　Ⅰ. ①营… Ⅱ. ①中… ②矶… ③周… ④白… ⑤贾… Ⅲ. ①儿童 - 保健 - 食谱 Ⅳ. ①TS972.162

　中国版本图书馆CIP数据核字 (2019) 第 072417 号

## 营养专家推荐的150道儿童增高食谱

YINGYANG ZHUANJIA TUIJIAN DE 150 DAO
ERTONG ZENGGAO SHIPU

责任编辑：王晋辉
装帧设计：侯　宇

主管单位：山东出版传媒股份有限公司
出 版 者：山东科学技术出版社
　　　　　地址：济南市市中区英雄山路189号
　　　　　邮编：250002　电话：（0531）82098088
　　　　　网址：www. lkj. com. cn
　　　　　电子邮件：sdkj@sdpress.com.cn
发 行 者：山东科学技术出版社
　　　　　地址：济南市市中区英雄山路189号
　　　　　邮编：250002　电话：（0531）82098071
印 刷 者：济南新先锋彩印有限公司
　　　　　地址：济南市工业北路188-6号
　　　　　邮编：250101　电话：（0531）88615699

开本：16 开（185mm×240mm）
印张：8　字数：100千　印数：1~4000
版次：2019年7月第1版　2019年7月第1次印刷
定价：39.80元

# 主审推荐序

本以为，也就是中国父母经常咨询医生：大夫，给孩子多吃点什么有助于长个子？读了《营养专家推荐的150道儿童增高食谱》，不禁哑然。看来民以食为天是一条颠扑不破的真理，无论中外。

大抵亚洲的父母，对生长发育各项指标，最在意的之一便是孩子的身高，所以，才有了关于身高的各种焦虑。抛开遗传因素不谈，由于膳食营养的改善，诸如中国人、日本人的身高的确比百年前有了很大的提升，特别是日本的青年男女更是增长了10多厘米。这充分说明了饮食因素对身高是有一定影响的。那么，哪些营养成分对身高增长更有利？如何吃才更科学？怎么做才能吸引孩子进食，使进食更加有趣？

本书作者中野康伸是一位医学博士、小儿科医生，矶村优贵惠是日本知名营养学专家。他们以母亲般的细腻和爱心，精心准备了150道色香味俱全、简单易做的主食、主菜、配菜以及点心等食谱，还简要介绍了促进孩子长高必须知道的知识和饮食要点，相信会给家长带来很多启示。

做饭之前，建议家长先从第二章开始阅读，或许给您不一样的感受。

张葆青博士

（儿科医生、主任医师、教授）

# 前　言

　　我身高163厘米，比日本女性的平均身高稍高一些。上大学之后，仍然在长个儿。我觉得主要得益于两个好习惯：一是"不要一个人吃饭"，总是和家人或者朋友围在餐桌前一起吃饭；二是一起吃饭的时候有说不完的话题，这样"吃饭时总会带来许多快乐"。父母"营造一个良好的用餐环境"，对于处在发育期的孩子来说是非常重要的。

　　本书介绍的这些"儿童增高食谱"，就是努力想"让孩子吃下更多丰富食物的同时，创造出全家人一起快乐享用的食谱"。另外，我们推荐的这些食谱，还想帮助忙忙碌碌的家长在短时间内制作完成。

　　从今天开始，家人一起围坐在餐桌旁吧。衷心希望本书能给大家带来快乐。

营养师、厨师　矶村优贵惠

　　本书的目标是"帮助父母用满满的爱心为孩子创造'噌噌长高'的环境"。这里所说的"环境"，以饮食为主，同时包括充足的睡眠、运动以及压力的疏解等，这些都是孩子成长过程中不可缺少的重要因素，而且仅靠孩子自己是无法解决的。

　　本人认为，身高不能决定一个人的人生。这个世界正因为有各种各样人的存在，才如此美好。但是，对于处在发育期的孩子，父母尽力为他们创造良好的成长环境，也是一种爱的表达方式。让孩子充分感受到爱，就能够使他们的身心得到充分成长。

　　饮食营养、睡眠、运动、压力疏解等，对于成年人来说也是非常重要的。希望本书不仅对孩子，而且对成年人的健康管理，也能起到积极的作用。

中野儿童医院院长　中野康伸

# 目 录

## 第一章　让孩子长高的美味食谱

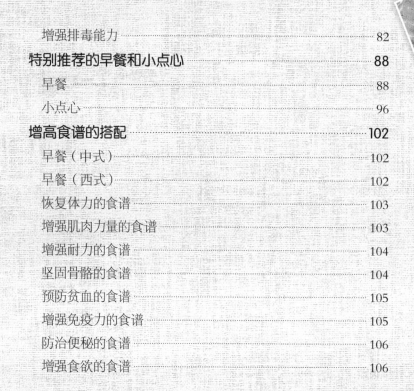

## 第二章　让孩子长高的基础知识

# 第一章　让孩子长高的美味食谱

想让孩子长高，最重要的是饮食。
首先了解一下促进身高增长的饮食技巧吧。
本书介绍了既能为成长助力，
又可以轻松完成的美味食谱，
一定会为每日菜单提供有益的帮助。

## 关于佐料、分量

- 食谱中，食材的量基本上是小学高年级学生（11~12岁）2人份的量。小学低年级学生，可按这个量的80%准备；初中生和高中生，可加量至120%~140%。请根据孩子的成长阶段进行必要调整。
- 食材：书中未特别标示的，原则上，使用量是指净重（将蔬菜的根和皮、水果的皮和籽等去除后剩余的可食用部分）的量（有些例外）。食材使用时，需要洗净，蔬菜类需先去皮去籽。
- 食谱所示示的热量、营养成分等，基本上是1人份的量。
- 分量标示：1杯为200毫升，1大汤匙为15毫升，1小汤匙为5毫升。
- "少许"，是指0.5克。
- "适量"，是指放入恰到好处的量。
- "酌量"，是指按自己的喜好调整。
- 食材中的"高汤"，是指用高汤（见第10页）做出的汤。

## 关于火候

- 书中未特别指定的，原则上指中火。

## 关于微波炉、烤箱

- 本书使用的微波炉是600瓦的。如果您的微波炉是500瓦，使用时间请延长至1.2倍（例：600瓦的2分钟相当于500瓦的2分钟24秒）。
- 本书使用的烤箱是600瓦的。如果您的烤箱是500瓦，使用时间请延长至1.2倍。

# 制作儿童增高美食的窍门

想让孩子健康成长，营养均衡非常重要。要保证均衡饮食，就必须搞清楚"吃什么""吃多少"。

很多人觉得每天考虑做什么吃是一种负担。为了帮助大家消除这种烦恼，我们将教您简单制作丰盛菜肴的技巧。一旦掌握了这些窍门，每天炒菜做饭就会变成一种乐趣。

首先，我们不妨把为了增高而摄入的营养成分按功效变换成一部"汽车"。

## 蛋白质

**= 车体（身体）**

车体就是蛋白质。蛋白质是构成**人体肌肉和骨骼必不可少的营养成分**。在发育期，因为肌肉和骨骼的生长特别显著，所以日常饮食必须保证充足的蛋白质供给。

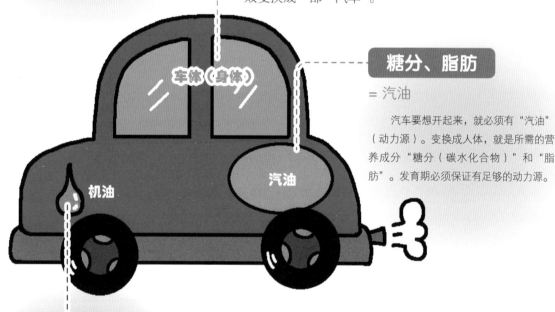

## 糖分、脂肪

= 汽油

汽车要想开起来，就必须有"汽油"（动力源）。变换成人体，就是所需的营养成分"糖分（碳水化合物）"和"脂肪"。发育期必须保证有足够的动力源。

## 维生素、微量元素

= 机油

为了延长汽车的使用寿命，维护保养离不开"机油"。变换成人体，就是所需的营养成分"维生素"和"矿物质"。它们的需求量虽然不大，可一旦缺乏，人容易感冒和疲劳。

将以上5种营养成分恰当地搭配，就能制作出多种多样的"快乐饮食"，这也是我们编写这本书的宗旨。

# 保证每天吃一顿基础食物

为身体补充必需的营养，不可能仅靠某种食材满足身体的全部需求。只有合理搭配，才能提供身体所需的全部营养。这里介绍五部分基础食物。

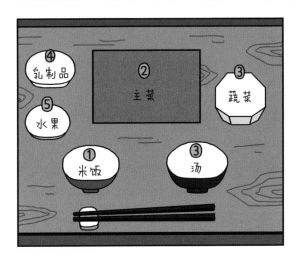

饭菜包括了这基本的五部分，自然就是"营养均衡的饮食"。而要使餐桌上的菜肴丰盛起来，关键是增加主菜和蔬菜的烹饪变化。这样会让孩子吃不够妈妈做的菜，把吃饭变成一种乐趣。

## 每餐都要吃的食物

### 1 主食

作为能量来源，主食是最重要的。米饭是首选主食，和馒头、面条等面食属于碳水化合物。米饭越嚼越甜，与各种菜肴都能很好地搭配食用。做成杂米饭，更能提高营养价值。按加工方式不同，可将大米分为粗米、糙米和白米（详见第7页）。

### 2 主菜

是指使用富含蛋白质的肉、鱼、豆、蛋类制作的食物。蛋白质是人体基本构造不可缺少的营养成分。需要注意的是，蛋白质也会导致过敏。对于食用品种还比较少的儿童，要尽量提供加热过的蛋白质食物。

### 3 蔬菜

是指用蔬菜制成的菜肴。蔬菜富含维生素和矿物质，要充分补充。

## 每天都要吃一次的食物

### 4 乳制品

是指用牛奶、酸奶或奶酪等制作的食物，也可以做成点心。乳制品富含蛋白质和钙，是健壮骨骼和牙齿、肌肉等必不可少的成分。

### 5 水果

水果有的甜、有的酸，种类、口味多种多样，可用于制作沙拉和点心，是深受孩子喜爱的食材。水果能够提供能量、维生素和矿物质，还因为色、香、味丰富多样，能够满足视觉、听觉、嗅觉、味觉、触觉的5种感官需要，是不可缺少的食材。

# 食材和烹饪方法

烹饪方法的改变是丰富每天食谱的诀窍。

烹饪方法大体分为六大类，如果和食材巧妙搭配，就会增加各种变化，制作出食而不厌的饭菜。

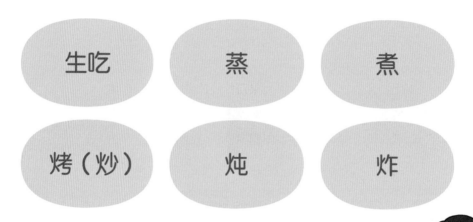

以猪肉为例，用以上6种烹饪方法试试看。

| | | |
|---|---|---|
| **蒸** | ➡ | 肉片蒸菜 |
| **煮** | ➡ | 煮或涮肉片 |
| **烤（炒）** | ➡ | 姜烧猪肉、烤肉饼、烤猪排等 |
| **炖** | ➡ | 红烧肉、番茄炖肉等 |
| **炸** | ➡ | 炸猪排、炸里脊等 |
| **生吃** | ➡ | 不推荐生吃 |

按照上述烹饪方法，任何一种食材都可以做出多种菜肴。如果再加上牛肉、鸡肉、各种鱼肉及猪肉前后肘等不同部位的变化，就会创造出无限组合，让我们的餐桌更加丰富多彩。

# 咀嚼可以促进个子长高

"细嚼慢咽"对身体发育非常重要。因为牙齿咀嚼食物时可以刺激骨骼，进而促进全身骨骼的发育。

但是，人们吃饭时平均咀嚼的次数在逐年下降。有数据显示，1939年前，人们每次吃饭大约要咀嚼1420次，而现在每次吃饭平均咀嚼约620次，下降了一半以上。

造成咀嚼次数下降的原因，是烹饪方式的发展和饮食生活的改变，人们更多地食用暄软食物。像面包、布丁、牛奶果蔬汁、冰激凌等入口即化的食品受到青睐，这些食物大都不需要太多咀嚼就能顺畅地咽下去。与其说人们咀嚼的次数下降了，不如说不用怎么咀嚼就能吃到肚子里的食物增多了。

身体发育在咀嚼中得到的好处太多了。咀嚼的七大好处是什么？

## 咀嚼的七大好处

**1 预防肥胖**

咀嚼可以把食物的营养信息快速地传递给大脑，这样大脑就能早早地判断出营养已经足够了，从而防止吃得过多。也就起到了有效改善和预防肥胖的作用。

**2 促进味觉发育**

咀嚼有利于扩大对"味道"的感知范围。孩子摄取的食物种类增多后，就会对多种味道产生兴趣，也会把吃饭当作一件很快乐的事情。

**3 利于发音**

咀嚼使舌头和颚组织的功能更加灵活，使口腔周围的肌肉发育更加均衡，有助于发音清晰，从而造就一张表情丰富的脸庞。

**4 促进脑部发育**

咀嚼使牙齿有节奏的运动，进而激活大脑功能，提升专注力和判断力。养成面对任何事情都能不急不躁、镇定自若的能力。

**5 预防龋齿**

咀嚼越多，分泌的唾液越多。唾液有保持口腔清洁的作用，也能预防蛀牙。另外，还可以确保恒牙萌出的空间。

**6 调理肠胃**

咀嚼的基本功效是将食物嚼碎，促进富含消化酶的唾液大量分泌，保证消化过程的顺利完成。咀嚼减轻了肠胃负担，自然就帮助了肠胃功能尚未完善的孩子。

**7 提升多种能力**

咀嚼不仅锻炼颚组织，还能促进整个上半身肌肉的发育，同时提高运动能力和控制能力。

# 点心如何搭配

点心是辅助食物，用以补充仅靠正餐难以满足的营养成分和能量需求。

特别是在发育期，伴随着孩子活动量的增加，身体机能和体型都在显著变化，点心的重要性也就不容忽视了。

特别热爱运动的孩子，会消耗巨大的能量，要注意避免体力消耗过大。

一般认为，点心最好能补充每天所需能量的10%~15%。每个人的年龄和活动量不同，需求量自然也有差异，大约补充836千焦为宜。

## 点心可以补充的营养成分

### 1 能量

随着活动量的增加，及时补充优质能量（糖分）十分重要。这里说的糖分，不是含红砂糖的甜点，而是指米（饭团）、薯类、水果等。

### 2 钙

钙是人体基本结构中不可缺少的重要营养成分。发育期需要大量储存钙质，因此，在正餐和点心中要有意识地多食用钙质食品。可以补钙的食物有小鱼、乳制品、海藻等。

### 3 维生素类

维生素在身体发育过程中起辅助作用。在提高免疫力和新陈代谢能力方面有着不可忽视的作用。可以补充维生素的食物有新鲜蔬菜、水果等。

## 正餐欠缺的营养 用点心来弥补

### 烦恼 ▶ 饭量小

饭量小，摄入的能量和营养自然不足。这种情况下，增加用餐次数是一种补救方法。点心未必一定是甜食，比如拌着小鱼干的米饭团、蒸红薯等等，都可以作为补充能量的点心。

### 烦恼 ▶ 过量食用

增加的点心要适量，以不影响下一次正餐的摄入量为标准。如果吃得过多，可以试着将点心换成蔬菜或水果。如果孩子只喜欢喝甜果汁，不妨将一半的量用茶或者水替换，尽量减少热量的摄入。

### 烦恼 ▶ 不爱吃蔬菜

蔬菜富含促进身体生长的营养成分。可以将蔬菜和甜味的水果一起做成沙拉，或将蔬菜加到面糊里做成薄饼等方法，让孩子多吃蔬菜。大人要做出很愿吃的样子给孩子看。

### 烦恼 ▶ 吃的时间长

吃点心的时间过长，下顿正餐就会感到没胃口，甚至吃不下去，会造成无法从正餐中摄取充足营养的后果。因此，要控制好食用时间，比如20分钟，总之，吃点心要有规律。

# 大米首选哪一种

孩子长个儿时最不能缺的是大米。同样被叫作大米，其实种类还是很多的。依据加工方法的不同，大米大体分为三类。

## 大米依据加工方法大体分为三类

一是粗米。是未经过精加工的米，所含维生素B₁、维生素B₆、铁、膳食纤维等营养成分保存完好，是所有大米中营养价值最高的。

二是糙米。是将粗米最外层的壳去除，保留胚芽部分。糙米由于去掉了营养丰富的最外层的皮，因此比粗米的营养价值低一些。

三是白米。是将粗米精加工，将胚芽部分也去掉了。相比粗米和糙米，白米几乎完全没有营养成分。但由于其外观雪白、闪闪发亮，没有什么怪异的味道，而且容易吞咽，是最受欢迎的。

由于加工过程中保留了高营养成分，又易于消化，所以首推"糙米"。

营养价值最高。

没有怪味道，容易下咽。

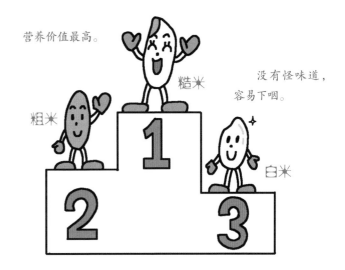

粗米　糙米　白米

## 糙米是首选

只论营养价值的话，粗米是最高的，但它也有缺点。首先，粗米的膳食纤维特别多，难以消化。其次，粗米含有的植酸可与蛋白质和矿物质结合成不溶性化合物，从而影响蛋白质和矿物质尤其是钙、镁等重要元素的吸收。这样，人体在排泄时，不仅排出了该排泄掉的"坏东西"，也会带走营养成分以及人体所必需的矿物质。

因此，对于消化能力较弱的发育期儿童、吸收能力弱的贫血和骨质疏松人群以及感冒等体质较弱的人群，建议不要食用粗米。

为了降低粗米带来的危害，应该将粗米放在水中泡透，软化其外皮。吃的时候要细嚼慢咽，减少粗米给肠胃带来的负担。

通过以上分析可以看到，糙米虽然营养价值不如粗米高，但给身体带来的负担小，其维生素B₁、维生素B₆含量是白米的4倍以上，膳食纤维是白米的3倍以上，因此，如果全家人一起快乐地享用米饭，我们首推的是糙米。

# 大人和孩子的共享食谱

## 简单烹制美味饭菜

"跟孩子吃一样的饭菜，会发胖的。"您家是不是一直都把大人和孩子的饭菜分开做？

本书给大家推荐的这些"有助孩子长高的食谱"，特别考虑了可以"让大人和孩子共同享用的美食"。只要在食材选择、烹饪方式和调味上下点功夫，就能简单地做出美味饭菜。

## 营养价值高的应季食材

应季食材最神奇的特点是，富含这个季节人体所必需的营养成分。由于应季食材在某一时节大量上市，因此价格也最实惠。本书中的食谱就是以这些时令食材为主，既能满足发育期的孩子，也能让全家人开心享用。

## 让感官受到良好刺激的食谱

为了充分体现应季食材的原汁原味，本书采用了十分简单的调味方式。不用市面上销售的调味品和高汤，也能做出美味佳肴。另外，这些食谱还考虑了如何丰富和美化我们的餐桌，可以让人食欲大增。我们的目的就是要制作出能够满足人们视觉、嗅觉、味觉、听觉（烹制中的声音）、触觉的美味饭菜。

## 快乐用餐是最好的调味剂

与家人、朋友一起用餐，也是愉快交流的时间。如果场面过于严肃沉闷，大家只是闷头吃饭，营养价值再高的饭菜，在这种精神紧张的状态下，也难以很好地消化和吸收。没有快乐的用餐氛围，无异于对孩子成长机会的剥夺。本书的任务就是要努力创造和营养价值一样重要的、大家围在一起愉快用餐的环境。

# 特别话题

**关于孩子和营养品**

近年来，营养品的种类日益丰富。这些营养品最明显的优点是便捷摄取。

孩子在成长过程中需要很多的营养成分。但是，喜好、过敏、饭量变化（厌食、偏食）等因素，可能造成身体所需的营养得不到充分补充。可以灵活利用营养品来加以补充。

但是，切不可过度依赖营养品。不要忘记，营养品只不过是一种辅助食品。获取能量和营养成分还要通过正常的一日三餐来完成。

请多多关照

另外，准备服用营养品时，要注意以下3点：

① 切实了解孩子的饮食现状，搞清楚到底缺乏什么营养成分。

② 保证营养品的原料是安全和高品质的。

③ 确定服用期限。

---

**5种「坏习惯」**

一般来说，以下5种坏习惯会给孩子的身心成长带来不良影响。

① 单食：虽然一家三口在一起吃饭，但你吃汉堡，我吃炒面，每个人吃的东西都不一样。

② 独食：一个人孤孤单单地吃饭。注意力大都不在食物上，而是集中在电视上。

③ 面食：光吃馒头、面包、面条等面食类食物。这类食物比粒状（米类）食物需要咀嚼的次数少，更容易造成食物的单一性，引起营养失衡。

④ 饭量小：即使饭菜的营养再均衡，没有一定的量，同样会造成营养不足。

⑤ 食物单一：总是吃同样的食物。原因是简单的方便食品增加了。

儿童时期的饮食决定了成年后的食物喜好。另外，从一个人的饮食习惯也能判断出他的性格。除了饭菜本身，我们也要注意创造良好的用餐环境。

请对这5种习惯说「不」

9

# 食材、调味品推荐

## 大麦（麦片）

每100克精白米（粒）的膳食纤维含量约为0.5克，而大麦约为9.6克。经常在白米饭中掺入少量大麦，具有提高咀嚼能力、改善肠内环境的功效。

## 米粉

可以用白米磨成的米粉作为面粉的替代品。因为米粉比面粉的吸油率低，油炸食物时用作包裹粉更健康。

## 盐酵母

发酵食品的盐酵母，能够提高肉和鱼的柔软性，提升食物的鲜美度，是很方便的调味品。而且烹饪方法简单，可广泛应用于各种饭菜中。

## 粗米

与白米相比，粗米富含促进新陈代谢的B族维生素和铁元素。不过，用水浸泡不足会引起消化不良，因此，一定要采用正确的烹饪方式。

## 咖喱粉

与市场上销售的咖喱酱相比，咖喱粉不仅可以减少油脂类含量，作为香料，还可以促进胃肠蠕动。

## 陈醋

由于陈醋经历了发酵、成熟的酿造过程，所以富含氨基酸、柠檬酸、维生素和矿物质。烹饪时加入陈醋，能够使食物口感更醇厚、更美味。

## 糙米

糙米是碾米时保留了富含营养的胚芽部分。膳食纤维含量是白米的3倍以上，富含B族维生素、锌和铁，还有易消化的特点。

## 红砂糖

红砂糖的精炼程度低，其钙含量是白糖的20倍，钾含量是白糖的70倍以上。把白糖换成红砂糖，能补充很多矿物质。

## 高汤

恰当使用无添加剂的高汤，省去烦琐的程序，就能方便地做出美味的菜肴。剩下的汤汁还可以作为饭团、泡饭的佐料。

**萝卜干**

除了含有预防水肿的钾和钙，还富含新陈代谢不可缺少的B族维生素、膳食纤维等，是一种营养价值非常高的食材。

**玉米**

富含B族维生素和矿物质。甜的成分是糖分，可以改善消化吸收，促进能量的补充，消除疲劳。家中可以常备些罐装玉米或冷冻玉米。

**鸡翅根**

富含氨基酸，可以调节人体代谢平衡。骨头两端是软骨，也能食用，可以强化发育期儿童的骨质和血管。

**虾皮**

虾皮含钙，粉色的部位是抗氧化性强的虾青素，还含有骨骼发育所必需的铜。

**沙丁鱼**

富含促进大脑发育所必需的DHA（二十二碳六烯酸，俗称脑黄金）和提高血液质量的EPA（二十碳五烯酸，被誉为血管清道夫）。为了高效吸收，要选择肥美又新鲜的。

**竹荚鱼（也称马鲭鱼）**

是一种没有怪味儿、便于食用的鱼。氨基酸含量均衡，并且富含促进大脑发育所必需的DHA和提高血液质量的EPA。

**杏仁（整颗）**

想要有"嘎嘣嘎嘣"的口感，建议吃整颗杏仁。另外，略微搅碎一下，会有别样的口味。

**杏仁片**

富含成长所必需的矿物质和优质的油脂。作为菜肴的点缀，使用起来也很方便，稍微烘烤一下，能增加香味。

**杏仁粉**

将无盐杏仁加工成粉末状。因为质地特别细腻，可以在烤点心时加上点儿或撒在冰沙上做点缀。

**各种小鱼干**

建议整条吃，能够很好地补充钙质。还可以和米饭、面食等组合，是营养和味道俱佳的万能食材。

**羊栖菜**

富含钙质。可以与米饭、炖菜等混合搭配。

# 促进身体发育的基础饭菜

接下来，我们分类介绍一些食谱。以主食、主菜、配菜俱全的饭菜为基础，努力保证营养均衡，丰富多彩。

热量
2968
千焦

| 蛋白质 | 30克 |
| 脂肪 | 28.9克 |
| 碳水化合物 | 72.8克 |
| 维生素B$_2$ | 0.52毫克 |

加点儿甜辣调味汁，更下饭

【要点】
鸡肉和鸡蛋可以补充优质氨基酸。

## 红烧鸡肉盖浇饭

**食材（2人份）**

米饭（糙米）·········360克

鸡腿肉（纵切）·······200克

生菜（切成5厘米长的段）

··········20克

鸡蛋·············2个

料酒············1大匙

橄榄油·········1/2大匙

五香粉············少许

**料汁**

甜料酒············1大匙

酱油·············1大匙

砂糖·············1大匙

**做法**

1. 鸡肉用料酒腌一下。

2. 平底锅内倒入橄榄油，开火，放入腌好的鸡肉，翻炒至上色。再倒入事先调好的料汁，翻炒一下。

3. 在另一炒锅内倒入橄榄油，开火，打入鸡蛋煎熟。

4. 把米饭盛入碗中，再依次放上生菜、鸡肉和鸡蛋。根据个人喜好，撒上五香粉调味。

# 小鱼干玉米拌饭

**食材（2人份）**

小麦饭 ·················· 300克

小鱼干 ·················· 10克

玉米 ····················· 30克

**做法**

在小麦饭内加入小鱼干和玉米，搅拌均匀即可。

【要点】

小麦饭和玉米富含膳食纤维，小鱼干富含钙。

热量
**1200**
千焦

蛋白质 ·········· 7.4克

脂肪 ············· 1.8克

碳水化合物 ······ 60克

膳食纤维 ·········· 3.4克

# 胡萝卜杏仁黄油饭

**食材（2人份）**

| | |
|---|---|
| 粗米饭·············300克 | 橄榄油············1/2大匙 |
| 胡萝卜（切碎）······50克 | 香菜（切碎）·········少许 |
| 杏仁片············10克 | 注：粗米饭的推荐比例为： |
| 酱油············1/2大匙 | 糙米：粗米=1：1 |
| 盐、胡椒·········各少许 | |
| 黄油···············5克 | |

**做法**

1. 平底锅中倒入橄榄油，开火，放入切好的胡萝卜翻炒。

2. 再放入粗米饭、杏仁一起炒熟。倒入酱油和鸡精，继续翻炒。

3. 用盐和胡椒调味，洒上黄油，盛入碗内。按照个人喜好，撒上香菜末。

---

**【要点】**

事先用油将胡萝卜炒熟，可以提高胡萝卜素的吸收率。

热量
**1415**
千焦

| | |
|---|---|
| 蛋白质·············6.6克 | |
| 脂肪···············7.5克 | |
| 碳水化合物········60.3克 | |
| 维生素A········354微克 | |

热量
**1243**
千焦

蛋白质 ············· 6.2克
脂肪 ············· 3.0克
碳水化合物 ······ 59.3克
铁 ············· 1.6毫克

用羊栖菜强化补充矿物质

【要点】

羊栖菜是一种富含钙和铁的海藻，放入米饭中蒸煮，更容易食用。

# 羊栖菜蒸饭

食材（2人份）

糙米 ················· 150克

干羊栖菜 ············· 3克

胡萝卜（切成丝）······ 20克

油炸豆腐皮（切成5毫米宽的条儿）············· 1/2块

水 ················· 200毫升

料汁

酱油 ················· 1小匙

料酒 ················· 1小匙

甜料酒 ··············· 1小匙

做法

1. 淘好糙米后加水，倒入电饭锅中，浸泡30分钟。羊栖菜用水泡开后，沥去水。

2. 再往电饭锅中加入胡萝卜、油炸豆腐皮、羊栖菜和事先调好的料汁，混合后，选择"蒸煮"功能，按下"开始"键即可。

15

建议作为便当

# 肉包饭团

食材（10个）

| | |
|---|---|
| 米饭（糙米）⋯⋯⋯⋯300克 | 酱油⋯⋯⋯⋯⋯⋯1大匙 |
| 牛腿肉（切成片儿） | 甜料酒⋯⋯⋯⋯⋯1大匙 |
| ⋯⋯⋯⋯⋯⋯⋯⋯10片 | 橄榄油⋯⋯⋯⋯1/2大匙 |
| 盐、胡椒⋯⋯⋯⋯各少许 | 白芝麻⋯⋯⋯⋯⋯少许 |
| 玉米⋯⋯⋯⋯⋯⋯30克 | 生菜⋯⋯⋯⋯⋯⋯适量 |

做法

1. 牛肉用盐和酱油腌制。
2. 把米饭和玉米调匀，分成 10等份，用牛肉片包成 丸子。
3. 平底锅内倒入橄榄油，开火，翻煎丸子。待肉熟后，浇 上酱油和甜料酒，挂满丸子。
4. 在容器中铺上生菜，盛上丸子，撒上白芝麻。

【要点】
香香的，又甜又 咸，肯定是吃了忘不 掉的最佳食品。

热量
**1444**
千焦

| | |
|---|---|
| 蛋白质⋯⋯⋯⋯7.1克 | |
| 脂肪⋯⋯⋯⋯2.9克 | |
| 碳水化合物⋯⋯70.1克 | |
| 锌⋯⋯⋯⋯4.3毫克 | |

蔬菜满满，吸引眼球

# 墨西哥饭

【要点】
和味道香香的肉 盛在一起，蔬菜也能 变得很好吃。

食材（2人份）

| | |
|---|---|
| 肉馅⋯⋯⋯⋯⋯200克 | |
| 洋葱（切碎）⋯⋯⋯1/2个 | |
| 大蒜（切碎）⋯⋯⋯1瓣 | 香菜（切碎）⋯⋯⋯少许 |
| 番茄（切成小块儿）⋯⋯1个 | 料汁 |
| 包心生菜（切成丝） | 番茄酱⋯⋯⋯⋯⋯2大匙 |
| ⋯⋯⋯⋯⋯⋯⋯2~3片 | 辣酱油⋯⋯⋯⋯⋯1大匙 |
| 盐、胡椒⋯⋯⋯⋯各少许 | 酱油⋯⋯⋯⋯⋯1/2大匙 |
| 橄榄油⋯⋯⋯⋯1/2大匙 | 辣椒面⋯⋯⋯⋯⋯少许 |
| 米饭（糙米）⋯⋯⋯300克 | |

做法

1. 平底锅内倒入橄榄油，开火，将切好的洋葱和大蒜炒熟。
2. 等洋葱炒透后，放入肉馅，翻炒均匀。
3. 将事先调好的料汁倒入锅中，继续翻炒，加入盐和胡椒 调味。
4. 将米饭盛到碗里，放入生菜、步骤3做好的食材和番茄。 按照个人喜好，撒上香菜末。

热量
**2369**
千焦

| | |
|---|---|
| 蛋白质⋯⋯⋯⋯24.8克 | |
| 脂肪⋯⋯⋯⋯20.4克 | |
| 碳水化合物⋯⋯66.8克 | |
| 镁⋯⋯⋯⋯75毫克 | |

蛋白质 ············· 7克
脂肪 ·············· 1.6克
碳水化合物 ······ 57.3克
钙 ············· 293毫克

热量
**1160**
千焦

# 干虾菜叶饭团

### 食材（2人份）

米饭（糙米）····300克    萝卜叶 ·············30克
干虾 ··············1大匙    白芝麻 ············少许

### 做法

1. 萝卜叶放入盐水中煮一下，然后切成丝。

2. 在大碗中盛入米饭，再放入干虾、萝卜丝，与米饭拌匀。

3. 揉捏成饭团，撒上白芝麻。

> 【要点】
> 萝卜叶含有丰富的维生素和矿物质，不要扔掉，要充分利用。

---

奶酪中浓缩着牛奶的营养成分

# 炸奶酪饭团

### 食材（4个饭团的量）

米饭（糙米）········200克    低筋面粉 ·············适量
培根（切成小块儿）···10克    蛋液 ·········1个鸡蛋的量
洋葱（切碎）·········50克    面包粉 ·············适量
番茄酱 ·············1大匙    花生油 ·············适量
盐、胡椒 ·········各少许    卷心菜（切成丝）····100克
橄榄油 ·············1/2大匙    香菜（切碎）·········少许
液体奶酪 ·············20克

### 做法

1. 平底锅内倒入橄榄油，开火，加入切好的培根和洋葱翻炒。

2. 洋葱熟透后，加入温米饭，然后放入番茄酱、盐和胡椒拌匀。

3. 等锅内食材冷却后，分成4份，把液体奶酪包在中间，揉成丸子。

4. 将丸子依次裹上低筋面粉、蛋液、面包粉。用170℃的油炸熟，然后盛到铺着卷心菜丝的盘子里。按照个人喜好，撒上香菜末。

蛋白质 ·············9.2克
脂肪 ·············20.1克
碳水化合物 ·····49.8克
维生素B$_{12}$ ·····0.35微克

热量
**1766**
千焦

> 【要点】
> 用上一顿剩下的米饭也可以做出美味的饭团，不妨试一下吧。

# 简单的拌饭

食材（2人份）
米饭（糙米）·············300克
牛腿肉（切成片儿）·····100克
芝麻油·················1小匙
料汁
辣酱油················1/2小匙
酱油··················1小匙
甜料酒················1小匙

**拌胡萝卜**
胡萝卜（切成丝）···50克(1/3根)
【调味料】
芝麻油·················1小匙
白芝麻················1/2小匙
盐··················· 适量
鸡精················1/4小匙

**拌菠菜**
菠菜··············100克（3棵）
【调味料】
芝麻油·················1小匙
酱油················1/2小匙

**拌豆芽**
豆芽··················100克
【调味料】
芝麻油·················1小匙
盐··················· 极少量
蒜泥··················· 适量
鸡精················1/4小匙

【要点】
　　因为拌菜放了油，所以要选
择大腿肉，以减少脂肪含量。

蛋白质·············17.9克
脂肪··············15.4克
碳水化合物·····63.1克
维生素A·······800微克

热量
**1980**
千焦

做法

1. 牛肉切成方便食用的片儿。将料
汁调匀。

2. 平底锅内倒入芝麻油，开火，放
入牛肉翻炒。炒熟后，倒入事先
调好的料汁继续翻炒。

3. 制作3种拌菜。

【拌胡萝卜】
　　胡萝卜用沸水稍微焯一下，沥
去水，加入调味料拌匀。

【拌菠菜】
　　菠菜用沸盐水焯一下，沥去水。
切成5厘米的段，加入调味料拌匀。

【拌豆芽】
　　豆芽用沸水稍微焯一下，沥去
水，加入调味料拌匀。

4. 最后将牛肉和3种拌菜浇到米饭上。

# 猪肝韭菜炒饭

【要点】
很多人不爱吃动物肝脏，用牛奶泡一下，再搭配蚝油，就会变成一道好吃的饭菜。

食材（2人份）
猪肝（或鸡肝，切成片儿）·············150克
韭菜（切成段）···50克
米饭（糙米）····300克
鸡蛋··················2个
姜片··················3片
芝麻油···1小匙+1大匙
蚝油··················1大匙

做法

1. 猪肝洗干净，去掉白色部分，然后用牛奶浸泡15分钟，去腥。

2. 将打散的鸡蛋液与米饭拌在一起，备用。

3. 平底锅内倒入1小匙芝麻油，开火，放入姜片和猪肝，翻炒一下，盛到盘子里备用。

4. 平底锅内倒入1大匙芝麻油，放入步骤2拌好的米饭，翻炒一下。

5. 再放入韭菜和炒好的猪肝，搅拌均匀。浇上蚝油，稍微翻炒一下即可。

热量 2172 千焦

蛋白质············26.4克
脂肪················18.1克
碳水化合物····58.7克
铁····················8.4毫克

热量 1285 千焦

蛋白质············11.6克
脂肪················1.8克
碳水化合物····59.1克
叶酸·············18.4微克

# 烩金枪鱼饭团

食材（2人份）
糙米··············150克
金枪鱼罐头（无油）
··················80克
胡萝卜（切成丝）
··················20克
烤紫菜（切成8等分）
··················1/2片
料汁
水··················200毫升
酱油··················1小匙
甜料酒··············1小匙

做法

1. 糙米在水中浸泡30分钟。金枪鱼沥去汤汁后切碎。

2. 电饭煲中放入步骤1做好的食材、胡萝卜丝和事先调好的料汁。选择"蒸煮"功能，按下"开始"键。

3. 把蒸好的米饭捏成喜欢的形状，用烤紫菜包起来即可。

【要点】
选用无油的金枪鱼罐头，可以降低脂肪含量。

| 蛋白质 | 8.2克 |
| --- | --- |
| 脂肪 | 5.9克 |
| 碳水化合物 | 29克 |
| 钙 | 106毫克 |

热量 **833** 千焦

挑食孩子也喜欢吃的比萨

# 比萨吐司

**食材（2人份）**

| 汉堡用的面包片 | 2片 | 番茄酱 | 1大匙 |
| --- | --- | --- | --- |
| 番茄（切成1厘米厚的片儿） | 1个 | 液体奶酪 | 30克 |
| 青椒（去籽，切成圈） | 1个 | 胡椒 | 少许 |

**做法**

1. 在面包片上涂抹番茄酱，依次放上切好的番茄、青椒，再浇上液体奶酪。
2. 放入烤箱中，把奶酪烤溶化。按照个人喜好，撒上胡椒。

【要点】

可以同时摄取番茄中的番茄素和青椒中的β–胡萝卜素，提高免疫力。

南瓜富含β–胡萝卜素，可以提高免疫力

# 南瓜三明治

**食材（2人份）**

| 小面包 | 4个 |
| --- | --- |
| 南瓜（切成小方块儿） | 200克 |
| 生菜（撕成大片） | 2片 |

**料汁**

| 低卡干奶酪 | 80克 |
| --- | --- |
| 杏仁粉 | 1/2大匙 |
| 盐、胡椒 | 各少许 |

**做法**

1. 把小面包纵向切口。
2. 南瓜去皮后蒸软。稍凉后，用食品加工机绞碎，放入事先调好的料汁拌匀。
3. 把生菜夹入面包中，再放上调制好的南瓜酱。

【要点】

杏仁粉可以增添丰富的矿物质，而且味道香甜。

| 蛋白质 | 14.4克 |
| --- | --- |
| 脂肪 | 9.4克 |
| 碳水化合物 | 49.8克 |
| 维生素A | 705微克 |

热量 **1670** 千焦

热量
**1398**
千焦

| | |
|---|---|
| 蛋白质 ············ | 15克 |
| 脂肪 ············ | 19.1克 |
| 碳水化合物 ············ | 23.8克 |
| 维生素$B_2$ ············ | 0.38毫克 |

# 鸡蛋三明治

| 食材（2人份） | | 料汁 | |
|---|---|---|---|
| 切片面包（全麦面粉） | | 蛋黄酱············ | 1大匙 |
| ············ | 4片 | 盐············ | 少许 |
| 黄油············ | 10克 | 胡椒············ | 少许 |
| 煮鸡蛋············ | 3个 | | |

做法

1. 把煮鸡蛋切碎，盛入容器中，倒入事先调好的料汁拌匀。

2. 在两片面包上涂抹黄油，把步骤1做好的食材夹在中间。

3. 切掉面包周围的硬边，然后一切为二。

【要点】

鸡蛋是上佳食材。一个鸡蛋就可以提供维生素、矿物质以及蛋白质等营养成分。

# 奶酪三文鱼三明治

食材（2人份）

面包圈（原味）·······················2个
奶油奶酪·······························2大匙
生菜（撕成大片）·····················2片
熏三文鱼（切成丝）···················6片

做法

1. 将面包圈横向切开，下面一片涂上奶油奶酪。

2. 在涂好奶油奶酪的一面从下向上依次放上生菜、熏三文鱼和另一片面包圈，然后从中间一切为二。

【要点】

三文鱼粉红色的色素——虾青素有抗氧化的功效，能提高人体免疫力。

热量
**1335**
千焦

| | |
|---|---|
| 蛋白质 ············ | 17克 |
| 脂肪 ············ | 9.5克 |
| 碳水化合物 ············ | 38.8克 |
| 镁 ············ | 151毫克 |

# 卷心菜热狗

**食材（2人份）**

热狗面包·················2个

卷心菜（切成丝）······150克

胡萝卜（切成丝）······15克

红肠·····················4根

橄榄油···············1/2大匙

番茄酱·················2大匙

香菜（切碎）···········少许

**料汁**

盐·······················少许

砂糖················1/2小匙

醋·····················1大匙

蛋黄酱················1大匙

**做法**

1. 卷心菜和胡萝卜用沸水焯一下，稍凉后沥去水，与事先调好的料汁一起拌匀。

2. 平底锅中倒入橄榄油，开火，煎红肠至上色。

3. 在切开的面包中依次放入卷心菜丝、胡萝卜丝和红肠，浇上番茄酱。按照个人喜好，撒上香菜末。

**【要点】**

卷心菜和胡萝卜可以用开水焯一下，使它们变软。

蛋白质·········10.3克

脂肪···········11.6克

碳水化合物·····39.6克

维生素K·······73微克

热量
**1260**
千焦

| 蛋白质 | 11.9克 |
| 脂肪 | 11.7克 |
| 碳水化合物 | 38.2克 |
| 维生素C | 28.2毫克 |

热量
**1268**
千焦

# 金枪鱼土豆三明治

**食材（2人份）**

法式面包（切成1.5厘米厚
的面包片）…………6片

金枪鱼罐头…………80克

土豆…………150克

洋葱（切成片儿，放入水
中）…………50克

香菜（切碎）…………少许

**料汁**

蛋黄酱…………2大匙

黄油…………5克

盐、胡椒…………各少许

**做法**

1. 金枪鱼、洋葱沥去汤汁和水。

2. 土豆去皮，切成4片，上锅蒸软后，放入大
碗中，用食品加工机绞碎，然后趁热放入事
先调好的料汁。

3. 把步骤1和步骤2做好的食材混合调匀，放到
面包片上。按照个人喜好，撒上香菜末。

---
**【要点】**

土豆的特点是所含的维生素C即使
加热也不会被破坏。
---

蛋白质·········12.5克
脂肪············1.2克
碳水化合物····88.5克
膳食纤维········3.3克

热量
**1863**
千焦

【要点】
黏糊糊的秋葵与挂面搭配在一起，即使没有食欲，也能像吃沙拉一样很快吃完。

没有食欲时也能吃得很快

# 秋葵番茄挂面

食材（2人份）
挂面（干的）··········200克
番茄（切成大块儿）·····1个
秋葵······················6个

料汁
高汤··················20毫升
酱油··················50毫升
甜料酒···············50毫升

做法
1. 把挂面煮熟（按照包装说明），然后用凉水过一下。
2. 用盐将秋葵表面搓洗干净，再用沸水焯一下，切碎。
3. 把事先调好的料汁倒入炒锅中，开火，稍微煮一下，放凉。
4. 将煮好的挂面沥去水，放入碗里，加入切好的秋葵和番茄，倒入步骤3做好的料汁即可。

# 豆浆芝麻酱乌冬面

| 食材（2人份） | 料汁 |
|---|---|
| 乌冬面（冷冻）…200克 | 豆浆…………200毫升 |
| 猪肉（切成薄片） | 柚子醋………100毫升 |
| …………100克 | 芝麻粉………1大匙 |
| 小葱（切成葱花） | 芝麻酱………1大匙 |
| …………少许 | 辣椒油………适量 |

## 做法

1. 将乌冬面煮熟（按照包装说明），用凉水过一下，沥去水。
2. 将切好的猪肉快速煮一下，用凉水过一下，沥去水。
3. 将乌冬面盛入碗内，放上煮好的猪肉片儿，浇上事先调好的料汁，撒上葱花。

> 【要点】
> 也可以做成温热的乌冬面。快乐享受芝麻的芳香吧！

| 热量 2177 千焦 | |
|---|---|
| 蛋白质…………22.8克 | |
| 脂肪…………19.9克 | |
| 碳水化合物……60.4克 | |
| 钙…………197毫克 | |

# 猪肉柠檬炒面

| 食材（2人份） | 料汁 |
|---|---|
| 炒面用面条………200克 | 盐…………1/3小匙 |
| 猪肉（切成片儿） | 鸡精…………1/2小匙 |
| …………100克 | 水…………2大匙 |
| 小葱（切成段）……2棵 | |
| 柠檬（切成片儿） | |
| …………1/4个 | |
| 芝麻油…………1/2大匙 | |

> 【要点】
> 如果不喜欢柠檬的酸味，可以改在步骤2时挤入柠檬汁，这样味道就不那么酸了。

## 做法

1. 平底锅内倒入芝麻油，开火。待油热后，倒入猪肉片儿翻炒。
2. 再倒入事先煮好的面条和调好的料汁，一边把面条打散，一边翻炒。
3. 放入切好的小葱，搅拌均匀，盛入碗中。放上柠檬片儿，吃前挤上柠檬汁。

| 热量 1871 千焦 | |
|---|---|
| 蛋白质…………18.2克 | |
| 脂肪…………13.2克 | |
| 碳水化合物……59.9克 | |
| 维生素B………0.48毫克 | |

# 青花鱼蔬菜意大利面

| 蛋白质 | 21.8克 |
|--------|--------|
| 脂肪 | 13.3克 |
| 碳水化合物 | 63.3克 |
| 钙 | 159毫克 |
| 锌 | 2.2毫克 |

热量
**2034**
千焦

【要点】

青花鱼含有大脑发育所必需的DHA，要多食用。

食材（2人份）

意大利面（干面）···160克

青鱼罐头···········100克

卷心菜（切成块儿）···3片

小番茄（去蒂，切两半）

···············6个

白葡萄酒··········2大匙

盐··············1/4小匙

黑胡椒············少许

香菜（切碎）·······少许

料汁

橄榄油············1大匙

大蒜（切末）·······1瓣

辣椒（切成圈）······5个

做法

1. 用加了盐的沸水将意大利面煮熟（按照包装说明），然后捞出。留下100毫升煮面的水。

2. 平底锅中倒入事先调好的料汁，开火。等大蒜变色时，加入青花鱼、卷心菜、小番茄。

3. 卷心菜变软后，浇上白葡萄酒，让酒精挥发掉。

4. 加入100毫升的煮面水、盐、黑胡椒，用小火慢煮2分钟，将小番茄煮烂。

5. 煮到还剩少许高汤时熄火，倒入意大利面拌匀，盛到碗里。按照各人喜好，撒上香菜末。

# 沙拉荞麦面

食材（2人份）

荞麦面············200克

番茄（去蒂，切成小块

儿）···············1个

生菜（切成段）····30克

柠檬·············适量

料汁

酱油·············2大匙

柠檬汁···········1/2个

芝麻油··········1/2大匙

白芝麻·········1/2小匙

做法

1. 荞麦面用沸水焯一下，然后用凉水过一下。

2. 把事先调好的料汁倒入大碗中，放入番茄和生菜，再放入荞麦面拌匀。按照个人喜好，加入柠檬汁调味。

【要点】

吃面时通常较少吃蔬菜，但做成沙拉的形式，就能同时吃到很多蔬菜。

热量
**1381**
千焦

| 蛋白质 | 10.3克 |
|--------|--------|
| 脂肪 | 11克 |
| 碳水化合物 | 48.4克 |
| 膳食纤维 | 4.4克 |

# 鸡胸肉挂面

食材（2人份）

鸡胸肉 ·············· 2块

挂面（干）········ 200克

香菇（切成片儿）··· 1个

小葱(切成葱花)···· 适量

料汁

高汤 ·············· 300毫升

生抽 ·············· 1大匙

甜料酒 ·············· 1大匙

做法

1. 鸡胸肉去掉筋膜后煮熟，晾凉后切成丝。

2. 挂面煮熟（按包装说明），沥去水。

3. 炒锅中倒入调好的料汁和香菇，煮开后，放入挂面，轻轻打散。

4. 将挂面和汤盛入碗中，放入鸡肉，然后撒上葱花。

热量
1762
千焦

| | |
|---|---|
| 蛋白质 ············ | 18.4克 |
| 脂肪 ············ | 1.5克 |
| 碳水化合物 ···· | 77.8克 |
| 烟酸 ············ | 5.4毫克 |

【要点】

高蛋白、低脂肪的鸡胸肉是健康食材。

# 黏糊糊的荞麦面

食材（2人份）

荞麦面 ·············· 200克

山药 ·············· 30克

秋葵 ·············· 2根

纳豆 ·············· 40克

料汁

高汤 ·············· 200毫升

酱油 ·············· 25毫升

甜料酒 ·············· 25毫升

做法

1. 山药去皮后用菜刀拍碎。秋葵用盐水煮一下，去掉蒂和籽，切成5毫米厚的片儿。山药焯熟。

2. 把事先调好的料汁煮开，晾凉。

3. 荞麦面煮熟（按照包装说明）后沥去水，晾凉后，放入纳豆、山药、秋葵和料汁。

【要点】

这碗面黏糊糊的，特别适合发育中的孩子，能保护胃黏膜，调理肠胃功能。

热量
1277
千焦

| | |
|---|---|
| 蛋白质 ············ | 12.9克 |
| 脂肪 ············ | 3.7克 |
| 碳水化合物 ···· | 53.8克 |
| 膳食纤维 ············ | 5.2克 |

热量
**887**
千焦

| | |
|---|---|
| 蛋白质 | 28克 |
| 脂肪 | 8.5克 |
| 碳水化合物 | 3.8克 |
| 烟酸 | 12.1毫克 |

香味提升食欲

# 奶酪面包粉烤鸡胸肉

**食材（2人份）**

| | |
|---|---|
| 鸡胸肉 | 4块 |
| 料酒 | 2小匙 |
| 盐 | 1/6小匙 |
| 橄榄油 | 1小匙 |
| 西蓝花（切成块儿） | 40克 |

**料汁**

| | |
|---|---|
| 液体奶酪 | 30克 |
| 面包粉 | 2大匙 |
| 杏仁片 | 5克 |
| 奶酪粉 | 1小匙 |
| 黑胡椒 | 少许 |

**做法**

1. 西蓝花撕成小朵，用盐水煮一下。

2. 鸡胸肉去掉筋膜，洒上料酒，腌制5分钟，再撒上一层盐。

3. 瓷盘表面薄薄地涂一层橄榄油，摆上鸡胸肉，浇上事先调好的料汁。

4. 放入烤箱烤至表面变色。取出盘子，点缀上西蓝花。

> **【要点】**
> 鸡胸肉是高蛋白、低脂肪的健康食材，再加上浓浓香味的奶酪，给人极大的满足感。

# 陈醋煮翅根

做法

1. 炒锅里倒入芝麻油，开火，放入鸡翅根和葱丝，鸡翅根煎至变色。

2. 倒入事先调好的料汁，煮开后调成小火，盖上锅盖继续煮，一直煮到锅里还剩1/3的汤汁。

3. 盛入碗中，放上姜丝即可。

食材（2人份）

鸡翅根·············6块
葱（切成4~5厘米长的丝）
················1段
芝麻油·········1/2大匙
生姜（切成丝）···5克

料汁

陈醋·············60毫升
酱油·············2大匙
甜料酒···········2大匙
蜂蜜·············1大匙
姜片·············3片

【要点】
鸡翅根两端的软骨含有丰富的骨胶原，要慢慢嚼碎。

蛋白质·········19.3克
脂肪·········17.7克
碳水化合物···24.3克
叶酸·········43.6微克

热量
**1490**
千焦

# 小葱猪肉卷

食材（2人份）

猪里脊肉（切成薄片）·················10片
小葱（切成5厘米长的段）···········1把
盐、胡椒·····························少许
柚子醋·······························1大匙
色拉油·······························1小匙

做法

1. 猪肉片上撒少许盐和胡椒。
2. 每片猪肉都卷上小葱。
3. 平底锅中倒入色拉油，开火。
   将肉卷的衔接处朝下放入，
   煎至轻轻上色。
4. 盛入盘中。可蘸柚子醋食用。

【要点】
经常作为配角出现的小葱，富含维生素。

热量
**833**
千焦

蛋白质·········16.8克
脂肪···········12.4克
碳水化合物······3.9克
维生素B₁······0.68毫克

# 充满食欲的炸鸡排

热量
**1143**
千焦

蛋白质·········25.7克
脂肪···········12.3克
碳水化合物······13.9克
维生素K·········47微克

食材（2人份）

鸡胸肉·······················200克
盐、胡椒·················各少许
花生油·····················适量
香菜（切碎）·············少许
包心生菜（切成段）····2片
番茄（切成小块儿）····1/2个

料汁 A

小麦粉·····················适量

蛋液···········1个鸡蛋的量
面包粉·····················适量

料汁 B

番茄酱·····················1大匙
柠檬（挤汁）···········1/4个
蜂蜜·······················1/2大匙
盐···························1/4小匙

做法

1. 鸡胸肉切成一口能吃下去的块儿，放入盐和胡椒腌制。
2. 将腌好的鸡胸肉包裹上事先调好的料汁A，然后放入约170℃的油中炸至金黄色。
3. 把番茄与事先调好的料汁B混合在一起。
4. 在盘中铺上生菜，放上炸好的鸡肉块儿和加工好的番茄块儿。按照个人喜好，撒上香菜末。

【要点】
油炸食品热量很高，用脂肪含量少的食材，可以适当控制油的摄入量。

番茄的番茄红素可以激活生长激素

| 热量 | 蛋白质 …………… 18.6克 |
| 1344 | 脂肪 …………… 17.6克 |
| 千焦 | 碳水化合物 …… 21.4克 |
| | 锌 …………… 3.5毫克 |

# 番茄炖牛肉

食材（2人份）

牛腿肉 ……………………… 150克

盐、胡椒 ………………… 各少许

小麦粉 …………………… 1/2大匙

胡萝卜（切成块儿）…… 1/3根

洋葱（切成条）………… 1/2个

土豆（切成块儿）……… 1/2个

水 ………………………… 150毫升

固体汤料 ………………… 1/2块

番茄罐头 ………………… 1/2罐

蚕豆 ……………………… 30克

橄榄油 …………………… 1/2大匙

香菜（切碎）…………… 少许

【要点】

番茄的番茄红素能耐
高温，特别适合做炖菜。

做法

1. 牛肉用盐和胡椒调味，然后撒上面粉。

2. 炒锅里倒入橄榄油，开中火，将牛肉煎一下。

3. 放入胡萝卜和洋葱翻炒。

4. 洋葱变软后，倒入土豆、水和固体汤料煮沸，用中火炖3分钟。

5. 再放入番茄和蚕豆，用小火炖10分钟左右。按照个人喜好，撒上香菜末。

| 热量 | 蛋白质 ·········· 31.1克 |
| 1063 | 脂肪 ················· 7克 |
| 千焦 | 碳水化合物 ···· 14.9克 |
| | 铁 ··············· 1.3毫克 |

牛筋的骨胶原能促进骨骼生长

# 脆咸萝卜炖牛筋

食材（2人份）

牛筋肉 ·······························200克

萝卜（切成一口能吃下去的块儿）·····200克

炖菜汁 ·······························300毫升

酱油 ·································2大匙

甜料酒 ·······························2大匙

苦苣菜 ·······························30克

芝麻油 ·······························1小匙

做法

1. 先把牛筋肉煮一下，然后切成薄片。

2. 炒锅里倒入芝麻油，开火，放入萝卜块儿炒至变色，倒入炖菜汁，用中火煮大约10分钟。

3. 萝卜煮成透明色后，放入煮好的牛筋肉、酱油、甜料酒，再用小火煮大约5分钟。

4. 盛入碗中，放上切成5~6厘米长的苦苣菜。

【要点】
牛筋肉切成薄片，吃起来更方便。

| 蛋白质 | 18.2克 |
| 脂肪 | 13.6克 |
| 碳水化合物 | 30.4克 |
| 维生素B$_1$ | 0.74毫克 |

热量
**1386**
千焦

# 土豆炖肉

食材（2人份）

| 猪腿肉 | 150克 |
| 土豆 | 150克 |
| 胡萝卜 | 1/3根 |
| 洋葱（切成条） | 1/2个 |
| 扁豆（斜切成3段） | 2根 |
| 橄榄油 | 1小匙 |

| 酱油 | 2大匙 |

料汁

| 炖菜汁 | 200毫升 |
| 砂糖 | 1大匙 |
| 甜料酒 | 1大匙 |
| 料酒 | 1大匙 |

做法

1. 猪腿肉切成片儿。土豆和胡萝卜去皮后，切成一口可以吃下去的块儿。

2. 炒锅内倒入橄榄油，开火。待油热后，放入切好的猪肉、洋葱和胡萝卜翻炒，再放入土豆块儿继续翻炒。

3. 倒入事先调好的料汁，煮5分钟。待土豆煮软后，加入酱油、扁豆，用小火煮3分钟。

【要点】

不仅同时摄入足量的肉和蔬菜，还是米饭的最佳搭档。

# 蔬菜多多的棒棒鸡

食材（2人份）

| 鸡胸肉 | 1块 |
| 生菜（切成1~2厘米宽的段） | 1/4个 |
| 番茄 | 1个 |

| 萝卜苗 | 少许 |
| 料酒 | 少许 |

料汁

| 芝麻酱 | 2大匙 |
| 柚子醋 | 2大匙 |

做法

1. 鸡胸肉上洒点料酒，煮熟后沥去汤，晾凉后切成丝。

2. 番茄去蒂，切成1厘米厚的片儿。

3. 盘子里先摆上番茄片儿，再依次放上生菜、鸡肉丝，浇上事先调好的料汁，最后撒上萝卜苗。

【要点】

生菜切成段，调料更容易拌匀，吃起来更美味。

热量
**1063**
千焦

| 蛋白质 | 29克 |
| 脂肪 | 11.3克 |
| 碳水化合物 | 10.4克 |
| 叶酸 | 47.6微克 |

33

# 炸猪肉配柿子椒

食材（2人份）

猪里脊（切成1厘米厚的片儿）…………200克

盐、胡椒…………各少许

淀粉…………1大匙

红柿子椒、黄柿子椒（切成丝）…………各1/4个

胡萝卜（切成丝）…………30克

洋葱（切成薄片）…………1/2个

炸肉用油…………适量

小葱（切成葱花）…………适量

料汁

炖菜汁…………100毫升

酱油…………25毫升

甜料酒…………25毫升

砂糖…………2小匙

做法

1. 猪肉先用盐和胡椒腌制，再涂上淀粉。

2. 把事先调好的料汁倒入炒锅内，煮开后盛入碗中。晾凉后，放入切好的柿子椒、胡萝卜和洋葱。

3. 猪肉用170℃的油炸一下，倒入步骤2做好的食材。

4. 晾凉后，放入冰箱冷藏1小时左右。食用时，盛入盘中，撒上葱花。

【要点】

放入冰箱冷藏，可以让料汁浸入肉中。第二天吃，味道更好。

蛋白质…………22.5克

脂肪…………21.5克

碳水化合物…………21.3克

维生素C…………69毫克

锌…………2.4毫克

热量 1302 千焦

# 烤奶香鸡肉根菜

食材（2人份）

| | | | |
|---|---|---|---|
| 鸡腿肉 | 150克 | 小麦粉 | 1大匙 |
| 料酒 | 1小匙 | 盐 | 1/2小匙 |
| 芋头（去皮，切成小块儿） | 100克 | 胡椒 | 少许 |
| | | 牛奶 | 200毫升 |
| 胡萝卜（去皮，切成小块儿） | 1/3根 | 橄榄油 | 1/2大匙 |
| | | 液体奶酪 | 30克 |
| 洋葱（切成丝） | 1/4个 | 香菜（切碎） | 少许 |

做法

1. 鸡肉切成小块儿，洒上料酒。
2. 炒锅内倒入橄榄油，开火，放入鸡肉翻炒。等鸡肉表面变色后，放入切好的芋头、胡萝卜、洋葱，继续翻炒。
3. 撒上小麦粉，翻炒至面粉和食材混为一体，再倒入牛奶，煮开后，用小火炖5分钟。待所有食材变成糊状时，加入盐和胡椒调味。
4. 盛入耐热的容器中，加入液体奶酪。放入烤箱烤至表面上色。按照个人喜好，撒入香菜末。

蛋白质 20.3克
脂肪 21.5克
热量 **1545** 千焦
碳水化合物 21.3克
锌 2.3毫克
膳食纤维 2.6克

【要点】
肉和蔬菜都切成块儿，吃起来更有味道。

---

# 牛肉小炒

食材（2人份）

| | | | |
|---|---|---|---|
| 牛腿肉（切成片儿） | 200克 | 豆芽 | 50克 |
| 红柿子椒、黄柿子椒（均切成丝） | 各1/2个 | 蚝油 | 1大匙 |
| | | 橄榄油 | 1/2大匙 |
| 蒜苗（切成段） | 50克 | 白芝麻 | 少许 |

做法

1. 平底锅中倒入橄榄油，开火，倒入牛肉翻炒。
2. 放入切好的柿子椒、蒜苗和豆芽，继续翻炒，淋上蚝油。盛入盘中，撒上白芝麻。

【要点】
蚝油味道又咸又甜，可以刺激食欲，让人胃口大开。

蛋白质 22.3克
脂肪 18.1克
热量 **1218** 千焦
碳水化合物 8.3克
锌 4.7毫克
维生素B$_{12}$ 1.4微克

---

| | |
|---|---|
| 蛋白质 | 17.9克 |
| 脂肪 | 5.3克 |
| 碳水化合物 | 12.5克 |
| 叶酸 | 37.1微克 |

热量
**720**
千焦

让不爱吃鱼的孩子喜欢上这道菜

# 竹荚鱼汉堡

### 食材（2人份）

| | |
|---|---|
| 竹荚鱼（马鲭鱼） | 150克 |
| 洋葱 | 50克 |
| 紫苏叶 | 2片 |
| 萝卜泥 | 100克 |
| 柚子醋 | 2匙 |
| 芝麻油 | 1小匙 |

### 佐料

| | |
|---|---|
| 生姜（碾成姜泥） | 10克 |
| 酱 | 1大匙 |
| 淀粉 | 1大匙 |

做法

1. 鱼肉切成3片，洋葱切成小块儿。

2. 再把鱼肉切碎，加入洋葱和事先调好的佐料，搅拌均匀，做成鱼肉饼。在平底锅中倒入芝麻油，开火，煎鱼肉饼。

3. 鱼肉饼一面上色后，翻过来，倒入2大匙水，盖上锅盖，由中火调至小火。

4. 在盘中依次放入紫苏叶、鱼肉饼、萝卜泥，再浇上柚子醋。

【要点】

酱和生姜泥可以去除鱼的腥味，不爱吃鱼的孩子也会喜欢上这道菜。

# 梅干焖沙丁鱼

食材（2人份）

| | |
|---|---|
| 沙丁鱼 ············· 4条 | 酱油 ············· 2大匙 |
| 梅干 ············· 2个 | 甜料酒 ············· 1大匙 |
| 生姜片 ············· 1/2片 | 料酒 ············· 1大匙 |
| 料汁 | 砂糖 ············· 1小匙 |
| 水 ············· 200毫升 | |

做法

1. 除去沙丁鱼的头部和内脏。

2. 炒锅中倒入事先调好的料汁和生姜片，开中火煮开。

3. 调为小火，放入沙丁鱼和梅干，盖上锅盖，煮20分钟。

【要点】

借助生姜和梅干的味道，可以去除鱼腥味。

热量
**1570**
千焦

| | |
|---|---|
| 蛋白质 ············· 31.2克 |
| 脂肪 ············· 20.9克 |
| 碳水化合物 ············· 9.2克 |
| 钙 ············· 114毫克 |
| 铁 ············· 3毫克 |

| | |
|---|---|
| 蛋白质 ············· 18克 |
| 脂肪 ············· 3.4克 |
| 碳水化合物 ············· 31.4克 |
| 维生素B$_{12}$ ············· 1.6微克 |

热量
**1013**
千焦

# 炒扇贝山药

食材（2人份）

| | |
|---|---|
| 扇贝柱 ············· 8个 | |
| 山药 ············· 200克 | 【要点】 |
| 橄榄油 ············· 1/2大匙 | 山药加热到软软的。料汁容易煮糊，要小心。 |
| 小葱（切成葱花）···· 适量 | |
| 料汁 | |
| 酱油 ············· 2大匙 | |
| 甜料酒 ············· 2大匙 | |
| 砂糖 ············· 2大匙 | |

做法

1. 山药去皮，切成1.5厘米厚的片儿。

2. 平底锅中倒入橄榄油，开火，放入山药片儿和扇贝，翻炒至上色，盛入盘中。

3. 炒锅中倒入事先调好的料汁，稍微煮一下。

4. 把炒过的山药和扇贝重新倒入锅里，翻炒至沾满料汁后盛出，撒上葱花。

# 金枪鱼牛油果蛋黄沙司

**食材（2人份）**

金枪鱼 …………100克
牛油果 ……………1个
煮鸡蛋 ……………1个
柠檬汁 …………1小匙
香菜（切碎）……适量

**佐料**

颗粒芥末 ………1/2大匙
蛋黄酱 …………1/2大匙
柠檬汁 …………1小匙
盐、胡椒 ………各少许

**做法**

1. 金枪鱼切成1.5厘米见方的小块儿。牛油果去皮去核，切成一口能吃下去的块儿，洒上柠檬汁。

2. 把煮熟的鸡蛋去皮，切碎。

3. 碗中放入切好的牛油果、鸡蛋碎和事先调好的佐料，搅拌均匀，再放入金枪鱼轻轻拌一下。按照个人喜好，撒上香菜末。

【要点】
这道菜和面包很搭配，做成三明治也很好吃，不妨试试看。

蛋白质 …………17.1克
脂肪 …………12.7克
碳水化合物 ……4.2克
维生素B$_{12}$ …0.51微克
铁 ……………2.1毫克

热量
**820**
千焦

蛋白质 ··········· 22克
脂肪 ·········· 15.8克
碳水化合物 ········ 3克
锌 ············ 1.9毫克
镁 ············ 55毫克

热量
**1043**
千焦

# 炸咖喱味鱿鱼

**食材（2人份）**

鱿鱼脚 ·········· 300克（2根）

淀粉 ············· 1/2大匙

咖喱粉 ············· 1小匙

花生油 ············· 适量

生菜（切成条）·········· 2片

**做法**

1. 鱿鱼脚切成能一口吃下去的小块儿。

2. 将鱿鱼块儿放入碗中，撒上淀粉、咖喱粉，搅拌均匀。

3. 放入170℃的油中炸3分钟左右，呈金黄色后捞出。在盘内铺上生菜，盛上炸好的鱿鱼。

【要点】

一道制作简单的菜，加入咖喱后，就是另一番风味。当作便当也很不错。

39

| | |
|---|---|
| 蛋白质 | 22.5克 |
| 脂肪 | 12.8克 |
| 碳水化合物 | 1.9克 |
| 维生素D | 22.4微克 |
| 叶酸 | 30.7微克 |

热量
**904**
千焦

富含维生素D的鲑鱼和蘑菇，可以促进钙的吸收

# 锡纸烤鲑鱼蘑菇

## 食材（2人份）

鲑鱼块儿…………2块　　橄榄油…………1小匙
盐、胡椒………各少许　　黄油……………10克
蘑菇……………50克　　小葱（切成葱花）…适量

【要点】
　充分蒸透，可
以使鲑鱼和蘑菇散
发出浓浓的香味。

### 做法

1. 去掉蘑菇的根，用手掰散。

2. 锡纸内滴上橄榄油，放上鲑鱼块儿和蘑菇，撒上盐和胡椒，浇上黄油。

3. 把锡纸密封好，放入烤箱中烤10~15分钟。打开锡纸，撒上葱花即可。

# 炸松鱼搭配萝卜泥

食材（2人份）

松鱼 ··················200克
嫩萝卜苗 ···············适量
淀粉 ··················1大匙
花生油 ················适量

佐料 A

盐 ···················2小撮

胡椒 ··················少许
生姜（碾成泥）··· 1/2小匙

佐料 B（芝麻柚子醋）

芝麻粉 ················1小匙
柚子醋 ················2大匙
萝卜泥 ················60克

做法

1. 松鱼切成1厘米厚的片儿，和事先调好的佐料A一起放入碗中调匀，静置10分钟。去掉嫩萝卜苗的根。

2. 将腌好的松鱼片儿蘸上淀粉，放入170℃的油中炸至变色。

3. 盛出，点缀上嫩萝卜苗。可搭配调好的佐料B食用。

【要点】

松鱼等红肉鱼富含铁元素，平时可以多吃一些。

| 蛋白质 | 26.9克 |
|---|---|
| 脂肪 | 11.1克 |
| 碳水化合物 | 7.8克 |
| 铁 | 2.1毫克 |
| 维生素B$_6$ | 0.8毫克 |

热量
**1021**
千焦

# 油炸青花鱼

| 蛋白质 | 26.8克 |
|---|---|
| 脂肪 | 27.7克 |
| 碳水化合物 | 9.4克 |
| 铁 | 1.6毫克 |
| 锌 | 1.3毫克 |

热量
**1729**
千焦

食材（2人份）

青花鱼 ··········250克
淀粉 ·········· 1~2大匙
花生油 ···········适量
小葱（切成葱花）
···················适量

料汁

生姜（碾成泥）···· 1片
酱油 ·············1大匙
甜料酒 ···········1大匙
料酒 ·············1小匙

【要点】

青花鱼等青鱼含大脑发育所需的DHA，应多食用。

做法

1. 先将洗好的青花鱼切成三块儿，再切成一口能吃下去的小块儿。

2. 将切好的青花鱼块儿和事先调好的料汁一起放入碗中，轻轻搅一下，放入冰箱冷藏30分钟。

3. 腌好的青花鱼块儿蘸上淀粉，放入170℃的油中炸至金黄色。

4. 盛入盘中。按照个人喜好，撒上葱花。

# 姜焖鲥鱼萝卜

**食材（2人份）**

| | | 料汁 | |
|---|---|---|---|
| 鲥鱼块儿 | 200克 | 水 | 150毫升 |
| 萝卜 | 200克 | 料酒 | 1大匙 |
| 生姜（切成片儿） | 1片 | 甜料酒 | 1大匙 |
| 生姜（切成丝） | 1片 | 砂糖 | 1大匙 |
| 酱油 | 1大匙 | | |
| 芝麻油 | 1/2大匙 | | |

【要点】

鲥鱼富含铁元素，建议孩子经常食用。

**做法**

1. 鲥鱼切成片儿。萝卜去皮，切成一口能吃下去的块儿。
2. 炒锅里倒入芝麻油，开火，放入萝卜翻炒，直到变色。
3. 倒入事先调好的料汁和鲥鱼、生姜片儿煮沸。调成中火，继续煮5~6分钟。
4. 调成小火，加入酱油，盖上锅盖，再煮5分钟左右。盛入碗中，点缀上生姜丝。

| 热量 1436 千焦 | | |
|---|---|---|
| 蛋白质 | 22.7克 | |
| 脂肪 | 20.7克 | |
| 碳水化合物 | 10.9克 | |
| 铁 | 1.6毫克 | |

# 奶酪烤鳕鱼土豆

**食材（2人份）**

| | | | |
|---|---|---|---|
| 鳕鱼块儿 | 200克 | 液体奶酪 | 40克 |
| 低筋面粉 | 1大匙 | 盐、胡椒 | 各适量 |
| 土豆 | 200克 | 橄榄油 | 1大匙 |
| | | 香菜（切碎） | 适量 |

**做法**

1. 鳕鱼切成一口能吃下去的小块儿，用盐和胡椒腌制。土豆去皮，切成2厘米见方的块儿。
2. 平底锅内倒入橄榄油，开火，放入土豆块儿炒一下，再放入蘸上低筋面粉的鳕鱼块儿翻炒。
3. 盛入耐高温的碗中，浇上液体奶酪。放入烤箱中，烤至变色。按照个人喜好，撒上香菜末。

【要点】

鳕鱼含有的氨基酸、土豆含有的维生素C以及奶酪含有的钙等，最适合处在生长发育期的孩子食用。

| 热量 1134 千焦 | | |
|---|---|---|
| 蛋白质 | 23克 | |
| 脂肪 | 11.3克 | |
| 碳水化合物 | 18克 | |
| 维生素C | 35.6毫克 | |

# 鱿鱼土豆

**食材（2人份）**

鱿鱼脚 ············· 150克

土豆 ··············· 100克

小葱（切成葱花）···适量

**料汁**

料酒 ················· 2大匙

甜料酒 ············· 2大匙

酱油 ················· 2大匙

**做法**

1. 鱿鱼脚用沸水焯一下，切成一口能吃下去的块儿。土豆也切成同样大小的块儿。

2. 炒锅内放入鱿鱼脚、土豆块儿和事先调好的料汁，开火，一直煮到土豆变软。

3. 盛入碗中，撒上葱花。

**【要点】**

土豆富含的维生素C，即使加热也不会被破坏。

蛋白质 ············· 19.1克

脂肪 ··············· 0.7克

碳水化合物 ···· 22.5克

锌 ··············· 1.6毫克

**热量 825 千焦**

蛋白质 ············· 20克

脂肪 ··············· 13克

碳水化合物 ···· 17.4克

维生素C ········· 47.8毫克

**热量 1155 千焦**

**【要点】**

旗鱼的氨基酸和醋的柠檬酸有助身体强健。

# 糖醋汁烧旗鱼杂菜

**食材（2人份）**

旗鱼 ················· 200克

盐、胡椒 ········· 各少许

青椒（切成小块儿）····1个

洋葱（切成小块儿）···1/2个

红柿子椒（切成小块儿）

················· 1/4个

橄榄油 ············· 1大匙

水淀粉 ················· 适量

**料汁**

高汤 ················· 1/2杯

砂糖 ················· 1大匙

醋 ··················· 1大匙

酱油 ············· 1/2大匙

料酒 ············· 1/2大匙

**做法**

1. 旗鱼切成一口能吃下去的块儿，放入盐和胡椒，再裹上一层小麦粉。

2. 平底锅内倒入橄榄油，用中火烧热，将鱼两面煎一下。加入切好的青椒、洋葱、红柿子椒翻炒，炒熟后盛出。

3. 炒锅中倒入事先调好的料汁，煮开后，加水淀粉勾芡。

4. 再倒入步骤2做好的食材，煮开即可。

| 蛋白质 | 21克 |
|---|---|
| 脂肪 | 19克 |
| 碳水化合物 | 17克 |
| 维生素B$_6$ | 0.4毫克 |
| 膳食纤维 | 7.5克 |

热量
**478**
千焦

有助于营养均衡的蚕豆

# 肉末辣汤（微辣）

**食材（2人份）**

肉馅 ·························100克

蚕豆罐头 ·················150克

洋葱（切成小块儿）···1/2个

大蒜（切成末）···········1瓣

橄榄油 ·······················1大匙

**佐料 A**

盐 ·····························1/4小匙

辣椒粉 ·····················1/2小匙

黑胡椒 ······················适量

**佐料 B**

固体汤料 ·················1/2块

番茄罐头 ···················200克

水 ·························100毫升

桂皮 ····························1片

**做法**

1. 炒锅内倒入橄榄油和蒜末，用中火加热，煸出香味后，倒入洋葱块儿，炒至透明。

2. 放入肉馅，翻炒均匀，倒入事先调好的佐料A，继续轻轻翻炒。

3. 倒入蚕豆和事先调好的佐料B，煮开后，调小火煮5~10分钟。

---
**【要点】**

既有肉也有豆，富含蛋白质。可以搭配米饭食用。

---

| 蛋白质 | 7.5克 |
| 脂肪 | 14.2克 |
| 碳水化合物 | 8.2克 |
| 叶酸 | 22.9微克 |

热量
**288**
千焦

# 浇汁炸豆腐

食材（2人份）
内酯豆腐（切成4块）
............200克
淀粉............1大匙
烤海苔............1/4片
水淀粉............适量

花生油............适量
小葱（切成葱花）....适量
料汁
高汤............200毫升
酱油............1/2大匙
甜料酒............1/2大匙

做法

1. 轻轻沥去豆腐渗出的水，裹上淀粉，放入170℃的油中，炸至表面呈金黄色。

2. 炒锅内倒入事先调好的料汁，开火，煮开后关火。把烤海苔用手弄碎，撒入锅中，倒入水淀粉，再开火，煮至汤汁呈糊状。

3. 将炸好的豆腐盛入碗中，浇上步骤2做好的汤汁，撒上葱花即可。

【要点】
海苔富含身体发育所需的维生素和矿物质。

# 炖冻豆腐

食材（2人份）
卤水豆腐（冷冻）
............200克
胡萝卜（切成片儿）
............20克
荷兰豆（斜切成片儿）
............4片
生抽............1小匙

料汁
高汤............150毫升
甜料酒............1大匙

【要点】
冻豆腐是富含蛋白质和钙的优质食材。

做法

1. 冻豆腐用水泡开，然后切成一口能吃下去的块儿。荷兰豆用加盐的沸水焯一下。

2. 炒锅中加入切好的冻豆腐、胡萝卜和事先调好的料汁，用中火煮3~5分钟。

3. 倒入生抽，用小火煮3分钟。盛入碗中，点缀上切好的荷兰豆。

| 蛋白质 | 9.2克 |
| 脂肪 | 5.7克 |
| 碳水化合物 | 6.2克 |
| 钙 | 120毫克 |

热量
**494**
千焦

# 炸豆腐渣丸子

食材（2人份）

| | | | |
|---|---|---|---|
| 豆腐渣 | 200克 | 花生油 | 适量 |
| 内酯豆腐 | 100克 | 小麦粉 | 适量 |
| 豆瓣酱 | 1大匙 | 鸡蛋液 | 1个鸡蛋的量 |
| 卷心菜（切成丝） | 150克 | 面包粉 | 适量 |

做法

1. 用厨房纸巾包裹豆腐，吸干表层水分。
2. 碗中放入豆腐渣、豆腐和豆瓣酱，调匀后分成4份，做成椭圆形。
3. 依次包裹上小麦粉、鸡蛋液、面包粉，放入170℃的油中炸至金黄色。盛入盘中，点缀上卷心菜丝。

【要点】
丰富的豆制品可以很好地补充蛋白质。

热量
1566
千焦

| | |
|---|---|
| 蛋白质 | 12.6克 |
| 脂肪 | 27.4克 |
| 碳水化合物 | 19克 |
| 膳食纤维 | 7克 |
| 钙 | 199毫克 |

# 麻婆豆腐

食材（2人份）

| | | | |
|---|---|---|---|
| 豆腐（切成块儿） | 200克 | 鸡精 | 1/2小匙 |
| 猪肉馅 | 60克 | 芝麻油 | 1大匙 |
| 姜（切成末） | 10克 | 料汁 | |
| 大蒜（切成末） | 1/2瓣 | 酱油 | 1/2大匙 |
| 大葱（切成葱花） | 1/2根 | 料酒 | 1/2大匙 |
| 水淀粉 | 适量 | 甜面酱 | 1小匙 |
| 水 | 100毫升 | 豆瓣酱 | 1/2小匙 |

【要点】
猪肉富含的维生素B$_1$和葱、蒜搭配，在体内会被有效利用。

做法

1. 用厨房纸巾包裹豆腐，吸干表层水分。
2. 炒锅中倒入芝麻油，开中火，放入猪肉馅、姜末、蒜末、葱花翻炒。
3. 倒入事先调好的料汁，翻炒一下。放入切好的豆腐块儿，再倒入水和鸡精，调至小火煮5分钟。
4. 倒入水淀粉，煮到高汤变稠。

热量
446
千焦

| | |
|---|---|
| 蛋白质 | 13.3克 |
| 脂肪 | 18.1克 |
| 碳水化合物 | 18.8克 |
| 钙 | 133毫克 |

# 豆腐羹

食材（2人份）

内酯豆腐·····························150克
小葱（切成葱花）·······················适量
料汁
高汤·····························100毫升
盐·································少许
砂糖·······························少许

做法

1. 将豆腐放入碗里，用打泡器搅拌至粥样。
2. 将事先调好的料汁和豆腐粥倒入锅里，煮开后盛入碗中，撒上葱花即可。

【要点】

当身体不舒服或者全身发冷的时候，可以用这种暖暖的羹来补充营养。

蛋白质·············5.1克
脂肪·············3.2克
碳水化合物·······1.7克
维生素K·········10.9微克

热量
234
千焦

---

# 毛豆泥蘸糯米丸子

【要点】

毛豆富含蛋白质、维生素B$_1$和铁元素。

食材（2人份）

毛豆·······50克（净重）　水···········40~50毫升
砂糖·············1大匙　白芝麻···········少许
糯米粉···········50克

做法

1. 先做毛豆馅。毛豆用盐水稍微煮一下，然后从豆荚里取出豆子，剥去外皮，用蒜白捣成泥。
2. 锅中各放入1大匙砂糖和水，加热至温热后，放入毛豆泥搅匀。
3. 做糯米丸子。糯米粉放入碗中，分两次加适量水，揉到像耳垂一样柔软后，捏成一口能吃下去的丸子。
4. 锅中倒水，烧开。将丸子一个个放入，煮到浮起来后，捞到盛有凉水的碗中。
5. 将丸子捞出，盛入盘中，蘸上毛豆泥，撒上白芝麻。

蛋白质·············4.6克
脂肪·············2.1克
碳水化合物·······26.8克
维生素K·········8.3微克

热量
217
千焦

| | |
|---|---|
| 蛋白质 | 15.6克 |
| 脂肪 | 11.2克 |
| 碳水化合物 | 3.8克 |
| 维生素D | 2.5微克 |
| 锌 | 2.4毫克 |

热量
**779**
千焦

只需改变配料，味道就可以千变万化

# 蟹汁浇蛋饼

**食材（2人份）**

鸡蛋 ·····················3个

水淀粉 ·····················适量

芝麻油 ·····················少许

小葱（切成葱花）······适量

**佐料 A**

牛奶 ·····················2大匙

盐、胡椒 ·············各少许

**佐料 B**

螃蟹罐头 ···········50~60克

水 ·····················200毫升

鸡精 ·····················1小匙

酱油 ·····················1小匙

**做法**

1. 在碗中把鸡蛋打散，倒入事先调好的佐料A搅匀。

2. 平底锅中倒入芝麻油，开火，倒入鸡蛋液，半熟后对折盛入盘中。

3. 锅中倒入事先调好的佐料B，开火，煮沸后关火。加入淀粉，继续加热，使汤汁变稠。

4. 把黏稠的汤汁浇到蛋饼上，撒上葱花。

【要点】
鸡蛋液与牛奶混合，就不容易变硬，而且能产生黏稠的口感。

# 煎蛋卷

食材（2人份）

鸡蛋·····················3个

土豆（切成小块儿）····1个

洋葱（切成小块儿）····1/4个

培根（切成小块儿）·····20克

小番茄（切成四瓣）·····2个

橄榄油·················1大匙

盐、胡椒·············各少许

番茄酱·················1大匙

佐料

奶酪粉·················2大匙

香菜（切碎）···········1大匙

【要点】

通过变化配菜可以品尝
到各种美味。

做法

1. 平底锅中倒入1/2大匙橄榄油，开中火加热，放入切好的土豆、洋葱、培根、小番茄，再加入盐和胡椒翻炒，盛出。

2. 在碗中把鸡蛋打散，加入事先调好的佐料和步骤1做好的食材搅匀。

3. 平底锅中倒入1/2大匙的橄榄油，开中火加热，倒入步骤2做好的食材，搅拌3圈左右。半熟状态下，盖上锅盖，调小火煎2~3分钟。将煎蛋翻过来，再煎2~3分钟。

4. 切开，盛入盘中，挤上番茄酱。

蛋白质·············16克

脂肪···············20.5克

碳水化合物·········15.9克

维生素C···········46毫克

铁·················3毫克

热量
**1323**
千焦

# 小鱼干蛋炒饭

**食材（2人份）**

米饭（糙米）·······300克
鸡蛋·····················3个　　橄榄油·······1小匙+1大匙
大葱（切成葱花）···1/2根　　**料汁**
小鱼干·················20克　　盐、黑胡椒·······各少许
鸡精·····················1小匙　酱油·················1小匙

**做法**

1. 在碗中把1个鸡蛋打散，和米饭搅拌均匀。
2. 平底锅中倒入1小匙橄榄油，开火，打入2个鸡蛋，翻炒成蛋碎，盛出备用。
3. 再往平底锅中倒入1大匙橄榄油，然后放入葱花和步骤1做好的食材翻炒。
4. 炒熟后放入鸡精和小鱼干。
5. 再放入步骤2做好的蛋碎和事先调好的料汁即可。

**【要点】**
把鸡蛋液和米饭调匀，做出的炒饭就会散散的。

| | |
|---|---|
| 蛋白质 | 17.1克 |
| 脂肪 | 18.6克 |
| 碳水化合物 | 57.4克 |
| 锌 | 2.8毫克 |
| 维生素D | 7.1微克 |

**热量 2013 千焦**

---

# 面筋鸡蛋盖浇饭

**食材（2人份）**

米饭（糙米）······300克　　嫩芹菜叶（点缀用）
面筋（水泡过）·····6个　　·····················适量
鸡蛋·····················2个　　**料汁**
嫩芹菜（切成3厘米长的　　高汤·················200毫升
段）·····················2根　　酱油·················1/2大匙
　　　　　　　　　　　　甜料酒·············1/2大匙

**做法**

1. 在碗中把鸡蛋打散，放入嫩芹菜拌匀。
2. 炒锅中倒入事先调好的料汁，用中火煮开。面筋沥去水，放入锅中，小火煮3分钟左右。
3. 再倒入加有嫩芹菜的鸡蛋汁，轻轻翻炒至半熟状态，关火。
4. 把米饭盛入碗中，倒入步骤3炒好的食材，然后点缀上嫩芹菜叶。

| | |
|---|---|
| 蛋白质 | 15.8克 |
| 脂肪 | 7克 |
| 碳水化合物 | 68.4克 |
| 铁 | 2.0毫克 |
| 锌 | 2.1毫克 |

**热量 1762 千焦**

**【要点】**
面筋蛋白质含量高，但热量低，是很健康的食材。芹菜能引起食欲。

# 羊栖菜炒鸡蛋

**食材（2人份）**

鸡蛋 ························2个

羊栖菜（干）··········3克

橄榄油 ··············1小匙

料汁

生抽 ··············1/2小匙

芝麻粉 ···············少许

> 【要点】
> 炒鸡蛋时加入羊栖菜，可以增添许多矿物质。

**做法**

1. 羊栖菜用水泡开。
2. 把鸡蛋打入碗中拌匀，放入沥去水的羊栖菜和事先调好的料汁拌匀。
3. 平底锅中倒入橄榄油，开中火烧热。将步骤2调好的鸡蛋汁倒入锅中翻炒，直至炒熟。

蛋白质 ············7.1克
脂肪 ·············7.9克
碳水化合物 ·····1.2克
铁 ···············1.9毫克

热量
**448**
千焦

---

蛋白质 ···········7克
脂肪 ············5.8克
碳水化合物 ·····0.2克
维生素B$_{12}$ ···0.5微克

热量
**360**
千焦

# 微波炉蒸鸡蛋

**食材（2人份）**

鸡蛋 ································2个

奶酪粉 ·························1/2小匙

香菜（切碎）·····················适量

**做法**

1. 把鸡蛋打入碗中，用牙签在蛋黄上插3~4个孔（为了防止蛋黄爆裂）。
2. 放入微波炉加热30~40秒钟，再撒上奶酪粉和香菜末。

> 【要点】
> 这是一道忙碌时最省事的食谱。即使再忙，也不要忘记补充蛋白质。

蛋白质·········1.2克
脂肪···········8.2克
碳水化合物···9.4克
膳食纤维·····2.4克

热量
**716**
千焦

富含钙和铁的萝卜干是这道菜的亮点

# 蔬菜满满的春卷

**食材（2人份）**

萝卜干·················10克
胡萝卜（切成丝）·····1/2根
青椒（切成丝）·········2个
春卷皮·················4张
橄榄油················1小匙
花生油················适量
生菜（点缀用）·······适量

**料汁**

酱油··················1小匙
甜料酒················1小匙
蚝油··················1小匙

【要点】
　先把蔬菜炒一下，
可以使体积变小，这样
能吃到更多蔬菜。

**做法**

1. 萝卜干用水泡开，然后沥去水。

2. 平底锅中倒入橄榄油，开火，放入萝卜干翻炒，再倒入事先调好的料汁、胡萝卜、青椒，继续翻炒。

3. 将炒好的菜盛出，分成4份，用春卷皮包起来。封口处用面糊粘住。

4. 把包好的春卷放入170℃的油中炸至金黄色。盛入盘中，点缀上生菜。

| 蛋白质 | 3.3克 |
|---|---|
| 脂肪 | 9.8克 |
| 碳水化合物 | 20.4克 |
| 膳食纤维 | 1.7克 |
| 维生素C | 36毫克 |

热量
**758**
千焦

# 多彩土豆泥

| 食材（2人份） | | 牛奶 | 2大匙 |
|---|---|---|---|
| 土豆 | 200克 | 黑胡椒 | 少许 |
| 干虾 | 1大匙 | 料汁 | |
| 毛豆 | 10克 | 蛋黄酱 | 2大匙 |
| 玉米粒 | 15克 | 盐 | 1/4小匙 |

做法

1. 土豆去皮后切成4块，上锅蒸软。

2. 把蒸软的土豆块儿放入碗中，用捣碎器捣碎，倒入牛奶。

3. 再倒入事先调好的佐料、干虾、毛豆、玉米粒，搅拌均匀。盛入碗中，撒上黑胡椒。

> 【要点】
> 这道菜可以补充人体所需的钙、维生素C、蛋白质和B族维生素等。

# 凉拌小鱼干油菜

食材（2人份）

| 油菜 | 150克 |
|---|---|
| 小鱼干 | 20克 |
| 料汁 | |
| 高汤 | 50毫升 |
| 酱油 | 1小匙 |
| 甜料酒 | 1小匙 |

> 【要点】
> 油菜和小鱼干都能补钙。如果吃不了，可以沥去汤，做炒饭。

| 蛋白质 | 5.6克 |
|---|---|
| 脂肪 | 0.5克 |
| 碳水化合物 | 4克 |
| 膳食纤维 | 1.8克 |
| 钙 | 166毫克 |

热量
**301**
千焦

做法

1. 油菜用煮沸的盐水焯一下。晾凉后沥去水，切成4~5厘米长的段。

2. 将事先调好的料汁倒入炒锅中，开火，煮沸后关火，盛入盘中。

3. 将油菜和小鱼干盛入碗中，倒入晾凉的料汁，覆上保鲜膜，放入冰箱冷藏1小时左右即可。

蛋白质 ········· 5.6克
脂肪 ··········· 20.2克
碳水化合物 ····· 41.5克
膳食纤维 ······· 4.2克

热量
**1553**
千焦

# 油炸芋头

食材（2人份）

芋头 ·············· 400克（8个）
高汤 ·············· 150毫升
酱油 ·············· 1大匙
甜料酒 ············ 1大匙
淀粉 ·············· 1大匙
扁豆（斜切成段）······ 2根
花生油 ············ 适量

【要点】
　芋头富含膳食纤维。如果煮好的芋头剩下了，就来个剩菜新做吧。

做法

1. 芋头洗净后去皮。

2. 芋头和高汤倒入锅中，用中火加热。煮开后调成小火，倒入酱油和甜料酒。盖上锅盖，把芋头煮软。

3. 把芋头取出来，稍凉后蘸上淀粉，放入170℃的油中炸。炸好后盛入盘中。再把扁豆炸一下，放在芋头上。

# 卷心菜玉米甜酸沙拉

食材（2人份）　　　料汁

卷心菜 ·········· 100克　　醋 ············· 1大匙
玉米粒（罐头）··· 20克　　砂糖 ··········· 1小匙
苹果（切成条）·· 1/8个　　盐 ············· 少许
盐 ············· 1/4小匙

做法

1. 将卷心菜切成1厘米宽的条，撒上盐揉一下，放置10分钟，沥去腌出的汁。

2. 将腌好的卷心菜、苹果条和玉米粒放入容器中，再倒入事先调好的料汁拌匀。

3. 放入冰箱冷藏30分钟左右即可。

【要点】
　偏甜的食材可以补充膳食纤维，再加上苹果条，就成了一道色彩亮丽的沙拉了。

热量
**150**
千焦

蛋白质 ········· 1.1克
脂肪 ··········· 0.3克
碳水化合物 ····· 8克
膳食纤维 ······· 1.4克

# 烤奶南瓜豆腐

食材（2人份）

南瓜（切成块儿）··150克　　内酯豆腐············200克

洋葱（切成薄片）···1/4个　　酱·················1大匙

黄油··············10克　　液体奶酪···········30克

做法

1. 南瓜放入微波炉中加热3~4分钟。

2. 炒锅中倒入黄油，开火，放入洋葱，炒至变软。

3. 把切好的南瓜、内酯豆腐和酱倒入碗里搅匀，与步骤2做好的食材混合。

4. 起锅，盛入耐高温容器中，浇上液体奶酪，放入烤箱烤至上色。

【要点】

　　许多孩子不喜欢牛奶的味道，加了豆腐后，就变成了他们喜欢的白色酱汁味。

热量 **1026** 千焦

蛋白质········12.6克
脂肪··········12.8克
碳水化合物···19.9克
膳食纤维·······4.4克

蛋白质········4.6克
脂肪··········3.6克
碳水化合物···5.2克
膳食纤维·······3.3克

热量 **272** 千焦

# 花生酱拌西蓝花

食材（2人份）

西蓝花··················································150克

料汁

高汤···················································1大匙

花生酱（无糖）·········································1大匙

酱·····················································1小匙

做法

1. 西蓝花掰成小朵，用煮沸的盐水焯一下。

2. 盛到碗中，倒入事先调好的料汁拌匀。

【要点】

　　花生酱可以补充身体所需的矿物质，还有可乐的味道。

# 柠檬煮红薯

**食材（2人份）**

红薯（切成1厘米厚的
片儿）⋯⋯⋯⋯200克
白葡萄酒⋯⋯⋯50毫升
蜂蜜⋯⋯⋯⋯⋯3大匙

甜料酒⋯⋯⋯⋯2大匙
料汁
柠檬汁⋯⋯⋯⋯1/2个
柠檬片⋯⋯⋯⋯1/2个
盐⋯⋯⋯⋯⋯⋯少许

**做法**

1. 炒锅内倒入红薯和白葡萄酒，加水至刚刚没过红薯。用中火煮开，转小火继续煮5分钟左右。
2. 倒入蜂蜜和甜料酒，小火煮7~8分钟，使红薯变软。
3. 倒入事先调好的料汁，再煮2~3分钟即可。

【要点】
红薯富含的维生素C有很强的耐热性，加入柠檬，可以有效地缓解疲劳。

热量
**1130**
千焦

蛋白质⋯⋯⋯⋯16克
脂肪⋯⋯⋯⋯⋯0.4克
碳水化合物⋯⋯60克
膳食纤维⋯⋯⋯3.5克

# 胡萝卜缎带沙拉

**食材（2人份）**

胡萝卜⋯⋯⋯⋯1/2根
核桃仁⋯⋯⋯⋯4颗
葡萄干⋯⋯⋯⋯10粒
盐⋯⋯⋯⋯⋯⋯少许

香菜⋯⋯⋯⋯⋯适量
料汁
橄榄油⋯⋯⋯⋯1/2大匙
柠檬汁⋯⋯⋯⋯1/4个
黑胡椒⋯⋯⋯⋯少许

**做法**

1. 胡萝卜去皮，用削皮器削成缎带状，盛入碗中。加盐后拌匀，覆上保鲜膜，放入微波炉加热30秒。
2. 在盛有胡萝卜的碗中放入核桃仁、葡萄干和事先调好的料汁。
3. 按照个人喜好，点缀上香菜。

【要点】
可以同时摄取对身体有益的维生素、矿物质、植物能量等。

热量
**368**
千焦

蛋白质⋯⋯⋯⋯1.1克
脂肪⋯⋯⋯⋯⋯6.2克
碳水化合物⋯⋯8.3克
膳食纤维⋯⋯⋯1.5克
维生素A⋯⋯⋯532微克

热量<br>
**1139**<br>
千焦

蛋白质·········12.5克<br>
脂肪··········18.3克<br>
碳水化合物···13.5克<br>
膳食纤维······3.2克

> 香浓的药膳味，可以增加孩子的食欲

# 烧鸡丁茄子

食材（2人份）

茄子·····················3根

鸡丁···················100克

大葱（切成葱花）·····1/2根

生姜（切碎）·········1/2片

芝麻油················1小匙

水淀粉···················适量

花生油···················适量

小葱（切成葱花）·······适量

料汁

高汤·················100毫升

酱油···················2小匙

甜料酒·················2小匙

**【要点】**

　紫色的茄子皮含有茄色苷，具有很好的抗氧化、防衰老作用。

做法

1. 茄子去蒂后切成块儿，放在盐水中浸泡5分钟，以去除涩味，然后沥去水。

2. 平底锅中倒入芝麻油，开火，放入鸡丁、大葱、生姜翻炒。

3. 鸡丁炒熟后，倒入事先调好的料汁，煮开后关火。一边搅拌、一边沿锅边倒入水淀粉勾芡。再次开火，煮至汤汁变浓稠。

4. 把茄子放入170℃的油中炸2~3分钟，盛到盘里，浇上步骤3做好的食材，撒上葱花。

| 蛋白质 | 5.3克 |
| 脂肪 | 4.3克 |
| 碳水化合物 | 10.8克 |
| 膳食纤维 | 5克 |

热量
**419**
千焦

轻松摄入容易缺乏的营养

# 炒海带丝黄豆

食材（2人份）　　　　　　料汁

海带丝…………100克　　高汤…………100毫升

煮熟的黄豆……60克　　酱油……………1大匙

炒芝麻…………少许　　甜料酒…………1大匙

芝麻油…………1小匙

做法

1. 炒锅中倒入芝麻油，开火，放入海带丝和煮熟的大豆翻炒。

2. 倒入事先调好的料汁，煮沸后用中火煮3~5分钟。盛入碗中，撒上炒芝麻。

【要点】
　海带的矿物质含量丰富，和黄豆搭配，还能补充蛋白质。

---

轻松摄入矿物质和钙

# 醋拌裙带菜黄瓜

食材（2人份）

裙带菜（干）…………5克

黄瓜（切成片儿）……1/2根

料汁

醋………………1大匙

酱油……………1小匙

砂糖……………1小匙

【要点】
　醋拌菜可以补充身体所需的矿物质和膳食纤维。

做法

1. 裙带菜用水泡开。黄瓜用盐轻轻搓一下，放置5分钟左右。

2. 裙带菜沥去水，黄瓜沥去腌出的汁，倒入事先调好的料汁即可。

| 蛋白质 | 0.9克 |
| 脂肪 | 0.1克 |
| 碳水化合物 | 5.3克 |
| 膳食纤维 | 1.1克 |

热量
**92**
千焦

# 金枪鱼拌羊栖菜

**食材（2人份）**

金枪鱼罐头··········80克    扁豆··········2根
羊栖菜（干）··········10克    柚子醋··········1/2大匙

**做法**

1. 将金枪鱼从罐头中取出，沥去汤汁。羊栖菜用水泡开。扁豆用盐水煮熟，切成1厘米长的段。
2. 羊栖菜沥去水，与金枪鱼、扁豆和柚子醋拌在一起。

热量
**193**
千焦

蛋白质········7.6克
脂肪········0.4克
碳水化合物········5.1克
膳食纤维········2.4克

---

# 拌海蕴山药

**食材（2人份）**                      **料汁**

海蕴··········100克                酱油··········1/2大匙
山药··········50克                 柠檬汁··········1/2个
柠檬切片（点缀用）···适量

**做法**

1. 海蕴用水洗干净，用漏勺沥去水。
2. 山药去皮，切成1厘米见方的块儿。
3. 把事先调好的料汁与海蕴、山药拌在一起。盛入碗中，点缀上柠檬片。

蛋白质········1克
脂肪········0.2克
碳水化合物········4.9克
膳食纤维········0.9克

热量
**92**
千焦

---

# 拌裙带菜梗

**食材（2人份）**

裙带菜梗··········100克            酱油··········1/2小匙
五香辣椒粉··········适量           生姜（切碎）··········5克
**料汁**                          白芝麻··········1/2小匙
芝麻油··········1/2小匙

热量
**88**
千焦

蛋白质········0.8克
脂肪········1.4克
碳水化合物········3.2克
膳食纤维········2.6克

**做法**

1. 把裙带菜梗煮一下，切成段。
2. 把事先调好的料汁与裙带菜梗拌在一起。
3. 盛入碗中。按照个人喜好，撒上五香辣椒粉。

## 莲藕羹

食材（2人份）

| | |
|---|---|
| 藕·············50克 | 白酱·············2大匙 |
| 扇贝罐头·········50克 | 酱油·············1小匙 |
| 高汤·········400毫升 | 嫩芹菜叶（点缀用） |
| | ·············适量 |

做法

1. 藕去皮后切碎。

2. 炒锅中倒入高汤。煮开后，放入切碎的藕和扇贝，再次煮开。

3. 关火，倒入白酱和酱油调味。按照个人喜好，点缀上嫩芹菜叶。

**热量 255 千焦**

| | |
|---|---|
| 蛋白质·········6.8克 | |
| 脂肪·············0.8克 | |
| 碳水化合物···7.3克 | |
| 膳食纤维·····1.1克 | |

【要点】

藕富含膳食纤维，加入扇贝，使汤的味道更加鲜美。

---

也可以当菜吃，营养丰富

## 什锦素汤

【要点】

搭配多种蔬菜的素汤，只喝一碗，就能补充一天所需的营养。

食材（2人份）

| | |
|---|---|
| 豆腐·············100克 | 扁豆（对半切成片儿） |
| 牛蒡（斜切成薄片） | ·············2个 |
| ·············30克 | 高汤·········400毫升 |
| 胡萝卜（切成片儿） | 酱油·············1大匙 |
| ·············30克 | 盐·············少许 |
| 魔芋·············50克 | 芝麻油·········1小匙 |

做法

1. 豆腐沥去水，切成块儿。牛蒡片放入醋水中浸泡5分钟，以去除涩味。魔芋也切成块儿，在沸水中焯一下。

2. 炒锅中倒入芝麻油，开火，放入备好的豆腐、牛蒡、胡萝卜、魔芋翻炒，然后倒入高汤。

3. 待蔬菜炒熟后，放入扁豆继续翻炒。最后加入酱油和盐即可。

**热量 343 千焦**

| | |
|---|---|
| 蛋白质·········5.2克 | |
| 脂肪·············4.2克 | |
| 碳水化合物···6.5克 | |
| 膳食纤维·····1.9克 | |

## 芋头芝麻酱汤

**食材（2人份）**

芋头·············100克
秋葵·············2个
芝麻酱···········1大匙
酱···············1/2大匙
高汤·············400毫升
白芝麻粉·········1小匙

**做法**

1. 芋头去皮，切成一口能吃下去的块儿。搓掉秋葵表皮的毛，斜切成4等份。
2. 炒锅里倒入芋头和高汤，开火加热，直到芋头煮软，放入秋葵继续煮。
3. 秋葵煮熟后关火。加入芝麻酱和酱，搅拌至溶解，再撒上白芝麻粉。

热量
**469**
千焦

蛋白质········4.8克
脂肪···········5克
碳水化合物···13.4克
膳食纤维·······2.2克

---

# 自制豆汁酱汤

蛋白质········8.8克
脂肪···········4克
碳水化合物···9.9克
膳食纤维······5.2克

**食材（2人份）**

黄豆·····················100克
萝卜（切成片儿）·········30克
胡萝卜（切成片儿）·······30克
口蘑·····················25克
大葱（斜切成1厘米长的段）
························1/4根
高汤·····················2杯
酱·······················1大匙

**做法**

1. 把黄豆与高汤一起倒入食品料理机中搅碎。
2. 口蘑去根后掰开。
3. 炒锅里放入步骤1和步骤2做好的食材，开火加热，放入大葱，煮熟后关火。加入酱并搅匀，再加热煮开即可。

热量
**440**
千焦

---

## 什锦浓汤

**食材（2人份）**

猪里脊（切成薄片）···50克
胡萝卜·················20克
牛蒡···················20克
香菇···················1个
葱段···················5厘米
荷兰豆·················2个
高汤···················400毫升
**料汁**
料酒···················1小匙
酱油···················1/2大匙
盐·····················少许

**做法**

1. 猪里脊切成丝，用沸水焯一下。
2. 胡萝卜、牛蒡、香菇、大葱、荷兰豆均切成4~5厘米长的丝。牛蒡丝放入水中浸泡一会儿，以去除涩味。
3. 炒锅里倒入高汤，再倒入步骤1和步骤2做好的食材，煮开。
4. 菜煮熟后，倒入事先调好的料汁即可。

热量
**335**
千焦

蛋白质········6.1克
脂肪···········4克
碳水化合物····4.4克
膳食纤维·······1.3克

## 足料蔬菜汤

食材（2人份）

| | |
|---|---|
| 培根（切成5毫米宽的条） | 橄榄油…………1小匙 |
| …………20克 | 盐、胡椒…………各少许 |
| 胡萝卜（切成小块儿） | 奶酪粉…………2小匙 |
| …………30克 | 香菜（切碎）…………适量 |
| 洋葱（切成小块儿） | 料汁 |
| …………1/4个 | 鸡精…………2小匙 |
| 水煮黄豆…………30克 | 水…………100毫升 |
| | 番茄罐头…………1/2罐 |

做法

1. 炒锅内倒入橄榄油和培根，开中火炒一下，再放入切好的胡萝卜和洋葱翻炒。

2. 倒入事先调好的料汁和煮好的黄豆。开锅后，调小火煮5分钟。

3. 再放入盐和胡椒调味。盛入碗中，撒上奶酪粉。按照个人喜好，撒上香菜末。

【要点】
用番茄罐头为此汤打底，再放入各种蔬菜，就可快乐享用。

热量
**532**
千焦

| | |
|---|---|
| 蛋白质…………5.6克 | |
| 脂肪…………7.8克 | |
| 碳水化合物…………9.7克 | |
| 膳食纤维…………3.1克 | |

## 玉米蘑菇奶油浓汤

食材（2人份）

培根（切成1厘米宽的条）
…………20克

| | |
|---|---|
| 口蘑…………50克 | 固体汤料…………1/2块 |
| 玉米粒…………50克 | 牛奶…………200毫升 |
| 橄榄油…………1/2小匙 | 盐、黑胡椒…………各少许 |
| 水…………1/2杯 | 香菜（切碎）…………适量 |

做法

1. 口蘑去掉根，用手掰散。

2. 炒锅里倒入橄榄油和培根，开中火炒一下。待培根出油时，加入口蘑和玉米粒翻炒。

3. 加入水和固体汤料，煮沸后，调小火煮3分钟左右。

4. 再加入牛奶和盐调味。盛入碗中，撒上黑胡椒。按照个人喜好，撒上香菜末。

【要点】
此汤可以补充钙和膳食纤维，制作简单。

热量
**716**
千焦

| | |
|---|---|
| 蛋白质…………6.5克 | |
| 脂肪…………11.5克 | |
| 碳水化合物…………11.7克 | |
| 膳食纤维…………1.5克 | |

# 牛蒡浓汤

食材（2人份）

牛蒡·············75克
土豆·············50克
洋葱（切成薄片）····50克
黄油·············10克
小麦粉··········1大匙
水·············100毫升
固体汤料········1/2块
牛奶·········200毫升
黑胡椒············少许

做法

1. 牛蒡洗净后斜切成薄片，放入水中。土豆去皮后切成薄片。

2. 炒锅内倒入黄油，开中火烧热。放入切好的洋葱、土豆和沥去水的牛蒡翻炒，再加入小麦粉继续翻炒。

3. 全部炒熟后，倒入水和固体汤料，盖上锅盖，煮3~4分钟。

4. 牛蒡煮软后，放入食品料理机中搅碎，然后倒回锅中，倒入牛奶加热。

5. 盛入碗中，撒上黑胡椒即可。

| 蛋白质 | 5.2克 |
| 脂肪 | 8.4克 |
| 碳水化合物 | 20.8克 |
| 膳食纤维 | 3.1克 |

热量 745 千焦

---

# 红椒浓汤

食材（2人份）

红柿子椒···········1/2个
洋葱（切成薄片）······1/4个
大蒜（切碎）·········2克
橄榄油············1小匙
鸡精·············1小匙
水·············300毫升
盐、胡椒··········各少许
香芹叶············适量

做法

1. 红柿子椒去籽后切成细丝。

2. 炒锅里倒入橄榄油和蒜末，开中火，炒出蒜香后，放入切好的红柿子椒和洋葱翻炒。

3. 洋葱变软后加入鸡精和水，开锅后，调小火煮3分钟左右。

4. 把炒锅中的食材放入食品料理机中搅碎，然后放回锅中，加入盐和黑胡椒调味，点缀上香芹叶。

| 蛋白质 | 0.9克 |
| 脂肪 | 2.2克 |
| 碳水化合物 | 5.6克 |
| 膳食纤维 | 3.1克 |

热量 180 千焦

---

# 培根蔬菜汤

食材（2人份）

培根（切成1厘米见方的块儿）
················20克
胡萝卜（切成半圆形的片儿）
················30克
西蓝花············30克
玉米粒············15克
固体汤料············1块
水·············350毫升
黑胡椒············少许

做法

1. 西蓝花掰成小朵，用盐开水焯一下。

2. 炒锅内倒入切好的培根，开小火翻炒。

3. 放入胡萝卜和玉米粒，开中火翻炒，再倒入固体汤料和水，沸腾后，调小火煮3~5分钟。

4. 盛出，放入西蓝花，撒上黑胡椒即可。

热量 268 千焦

| 蛋白质 | 2.4克 |
| 脂肪 | 4.2克 |
| 碳水化合物 | 4.6克 |
| 膳食纤维 | 1.2克 |

# 番茄鸡蛋汤

食材（2人份）

番茄（切成块儿）……1个
鸡蛋……1个
鸡精……1小匙
水……300毫升
芝麻油……少许
小葱（切成葱花）……适量

【要点】
在汤煮沸的时候加入打散的鸡蛋液，很容易打出蓬松的鸡蛋花。

做法
1. 将鸡蛋打入碗中并打散。
2. 炒锅中放入切好的番茄，再倒入鸡精和水，开中火加热。开锅后，倒入打散的鸡蛋液，煮30秒后关火，浇上芝麻油。
3. 盛入碗中，撒上葱花。

热量
**322**
千焦

蛋白质……4.2克
脂肪……5克
碳水化合物……4.1克

有嚼头，又能补充矿物质

# 裙带菜梗汤

食材（2人份）

裙带菜梗……60克
豆芽……20克
胡萝卜（切成丝）……20克
鸡精……2小匙
水……300毫升
芝麻油……少许

【要点】
海藻类食材可以补充矿物质，有效调节血液酸碱度。

做法
1. 将裙带菜梗切成易入口的大小，豆芽去根。
2. 将切好的裙带菜梗和豆芽放入锅中，再倒入鸡精、胡萝卜和水。开火，待胡萝卜煮熟后起锅，盛入碗中，淋上芝麻油。

热量
**147**
千焦

蛋白质……1.1克
脂肪……2.3克
碳水化合物……3.5克
膳食纤维……2克

# 木耳粉丝汤

食材（2人份）

黑木耳（干）······10克
粉丝（干）·········30克
韭菜·············10克
鸡精············1/2小匙
水·············400毫升
蚝油·············1小匙

做法

1. 黑木耳用水泡发，切成易入口的大小。

2. 粉丝也用水泡发，韭菜切成3厘米长的段。

3. 炒锅中倒入木耳、粉丝、韭菜、鸡精和水，开火，煮开后倒入蚝油，搅拌均匀即可。

蛋白质·········0.9克
脂肪··········0.2克
碳水化合物·····17.3克
维生素D·······22微克

热量
276
千焦

# 竹轮酸辣汤

食材（2人份）
竹轮（切成块儿）
···········50克
豆芽···········30克
胡萝卜（切成条）
···········20克
水煮竹笋（切成丝）
···········30克
芝麻油·········1小匙

辣椒油·········少许
白芝麻·········少许
料汁
水···········400毫升
鸡精··········1小匙
醋···········2大匙
酱油·········1/2大匙
盐··········1/4小匙

做法

1. 炒锅内放入切好的竹轮、胡萝卜、竹笋和豆芽，再放入事先调好的料汁，开火。

2. 煮开后关火，盛入碗中。

3. 淋上辣椒油和芝麻油，撒上白芝麻。

蛋白质·········4.6克
脂肪··········3.6克
碳水化合物·····6.5克

热量
327
千焦

热量
239
千焦

蛋白质··········7克
脂肪·········2.3克
碳水化合物···2.6克

# 竹笋小白菜汤

食材（2人份）
水煮竹笋（切成丝）·····50克
小白菜···········50克
小虾（冷冻）··········6只
香菇············1个
鸡精··········2小匙
水···········300毫升
芝麻油·········1小匙

做法

1. 小白菜切成2厘米长的段。香菇去根后切成薄片。

2. 把除芝麻油以外的其他食材放入锅中，开小火煮5分钟左右。

3. 盛入碗中，淋上芝麻油。

水果

蛋白质 ············ 0.9克
脂肪 ············· 4.3克
碳水化合物 ···· 28.1克
钾 ·············· 333毫克
膳食纤维 ·········· 1.8克

热量
**636**
千焦

可以同时享受蔬菜和水果的美味

# 香甜红薯苹果

**食材（2人份）**

红薯 ············· 125克
苹果 ············· 1/4个
黄油 ·············· 10克
肉桂粉 ············ 适量

**料汁 A**

水 ············· 150毫升
红砂糖 ········· 1大匙

**料汁 B**

盐 ·············· 少许
柠檬（挤汁）······· 1/2个

【要点】
孩子大都喜欢香甜的红薯和苹果，既好吃，又能补充膳食纤维。

**做法**

1. 红薯切成1厘米厚的片儿，放入水中。苹果去核，带皮切成扇形的片儿。
2. 炒锅中倒入黄油，开中火加热，倒入切好的苹果和红薯翻炒。
3. 倒入事先调好的料汁A，开锅后调成最小火，放入全部食材，边煮边搅拌，煮10分钟左右。
4. 倒入事先调好的料汁B。按照个人喜好，撒上肉桂粉。

把番茄当成快乐的零食

# 番茄葡萄柚沙拉

**食材（2人份）**

番茄 ·············· 1个
红柚（切成块儿）····· 1个
香菜（切碎）········ 适宜

**料汁**

蜂蜜 ············· 1大匙
柠檬（挤汁）······· 1/2个

橄榄油 ········· 1/2大匙
盐 ············· 1/4小匙
黑胡椒 ············ 少许

【要点】
感到疲惫的时候，可以用这道菜提神。

**做法**

1. 番茄用开水烫一下，去皮后切成6瓣。红柚去皮去籽。
2. 碗中倒入事先调好的料汁，再放入切好的番茄和红柚拌匀。放入冰箱冷藏30分钟左右。食用时，按照个人喜好，撒上香菜末。

热量
**385**
千焦

蛋白质 ·············· 1克
脂肪 ·············· 3.2克
碳水化合物 ······ 16.7克
钾 ·············· 234毫克
维生素D ········· 31.4毫克

# 草莓味的绿色沙拉

食材（2人份）

混合蔬菜嫩叶 …………10克

球生菜、生菜 ………各30克

佐料

草莓 …………………30克

陈醋 …………………1大匙

橄榄油 ………………1/2大匙

盐 ……………………1/4小匙

黑胡椒 ………………少许

做法

1. 将球生菜和生菜掰成容易食用的大小，然后与混合蔬菜嫩叶一起拌匀。

2. 把所有佐料倒入碗中，用打蛋器（手动迷你型）搅拌均匀，做成料汁。

3. 将蔬菜盛入碗中，食用之前浇上步骤2做好的料汁。

热量 486 千焦

蛋白质 …………0.6克
脂肪 ……………11.3克
碳水化合物 ……2.6克

热量 615 千焦

蛋白质 …………4.2克
脂肪 ……………6克
碳水化合物 ……21.4克
钾 ………………344毫克
钙 ………………103.5毫克

# 香蕉坚果酸奶

食材（2人份）

香蕉（切成圆片）……1根

核桃仁 ………………10克

蜂蜜 …………………2小匙

酸奶 …………………160克

薄荷叶 ………………适量

做法

1. 核桃仁掰成小块儿。

2. 酸奶、香蕉和核桃倒入杯子中，用画圈的方式浇上蜂蜜。按照个人喜好，点缀上薄荷叶。

# 蓝莓奶昔

食材（2人份）

蓝莓 …………………100克

紫甘蓝 ………………30克

酸奶 …………………150克

杏仁片 ………………5克

薄荷叶 ………………适量

蛋白质 …………3.3克
脂肪 ……………1.8克
碳水化合物 ……17.2克
钙 ………………98毫克
膳食纤维 ………2.8克

做法

把除薄荷叶以外的所有食材放入食品料理机中搅拌。按照个人喜好，点缀上薄荷叶。

热量 389 千焦

# 乳制品

高效补充钙

## 芝麻奶酪烧竹轮

食材（2人份）　　　　　　料汁

竹轮·················100克　　酱油·················1大匙

奶酪··················40克　　料酒···············1/2大匙

橄榄油·············1小匙　　红砂糖···········1/2小匙

小葱（切成葱花）···适量　　白芝麻···············少许

做法

1. 奶酪切成条，塞入竹轮内，然后对半斜切。
2. 平底锅中倒入橄榄油，开火，放入切好的竹轮，翻煎至上色，盛出。
3. 把事先调好的料汁倒入锅中煮开。
4. 把煎好的竹轮放入锅中，挂满料汁。盛入盘中，撒上葱花。

热量
**687**
千焦

蛋白质·········10.7克
脂肪·············8.2克
碳水化合物···10.7克

【要点】

这道菜也可以当作便当，轻松补充蛋白质和钙。

简单易做的什锦料理

## 鲑鱼蘑菇大杂烩

食材（2人份）

鲑鱼·················2块　　牛奶···········150毫升

口蘑··················50克　橄榄油···········1大匙

杏鲍菇···············50克　盐·····················少许

洋葱·················1/2个　胡椒·················少许

小麦粉···1大匙+1/2大匙　香菜（切碎）·······适量

做法

1. 鲑鱼切成小块儿，撒上少许盐和胡椒，再撒上一大匙小麦粉。口蘑去根后掰散。杏鲍菇去根后切成小块儿。洋葱切成条。
2. 炒锅中倒入橄榄油，开火，将鲑鱼两面煎一下，盛出。
3. 另一炒锅中放入洋葱、口蘑和杏鲍菇翻炒。待洋葱炒软后，放入鲑鱼，加入1/2大匙小麦粉，继续翻炒。当面粉变成糊时倒入牛奶。
4. 中火煮3分钟左右，待汤汁变黏稠后，放入盐和胡椒调味。按照个人喜好，撒上香菜末。

热量
**1197**
千焦

蛋白质·········26.9克
脂肪···········12.9克
碳水化合物···16.4克
钙···············108毫克

热量
**766**
千焦

| 蛋白质 | 12.1克 |
| 脂肪 | 14克 |
| 碳水化合物 | 0.4克 |

# 奶酪煎鸡蛋

**食材（2人份）**

鸡蛋··········3个

比萨用奶酪条

··········20克

橄榄油·····1/2大匙

**做法**

1. 将鸡蛋打入碗中并打散。

2. 平底锅中倒入橄榄油，开火，倒入1/4的蛋液。半熟后，均匀地撒上1/4的奶酪条，将鸡蛋饼卷成蛋卷。

3. 重复做3个鸡蛋饼，再卷成蛋卷。

4. 将蛋卷切成块儿，盛入盘中。

# 奶酪虾仁牛油果

**食材（2人份）**

虾仁（大）··········6只

牛油果··········1个

白奶酪··········50克

香菜（切碎）········适量

料汁

橄榄油··········1大匙

柠檬（挤汁）·······1/2个

盐··········1/4小匙

黑胡椒··········适量

**做法**

1. 虾仁稍微煮一下，放入凉水中。牛油果和白奶酪切成1.5厘米见方的块儿。

2. 把做料汁用的佐料倒入碗中调匀，放入虾仁、牛油果和奶酪拌匀，盛入碗中。按照个人喜好，撒上香菜末。

热量
**1005**
千焦

| 蛋白质 | 18.7克 |
| 脂肪 | 16.8克 |
| 碳水化合物 | 4.4克 |
| 膳食纤维 | 2.6克 |

# 南瓜酸奶沙拉

**食材（2人份）**

南瓜··········150克

葡萄干··········20克

核桃仁··········3粒

**料汁**

酸奶（无糖）········80克

蛋黄酱··········2小匙

盐、胡椒········各少许

**做法**

1. 南瓜去籽后切成2厘米见方的块儿，用蒸锅蒸软。

2. 将南瓜块儿、葡萄干和核桃仁放入碗中，再倒入事先调好的料汁即可。

热量
**816**
千焦

| 蛋白质 | 4.2克 |
| 脂肪 | 9.6克 |
| 碳水化合物 | 24.6克 |
| 膳食纤维 | 3.9克 |

# 调整内环境的功能食谱

下面按照食谱的不同功效加以介绍，包括增强咬合力、提高新陈代谢、增强排毒能力的食谱，可以有效地帮助孩子长高。

增强咬合力

| 热量 598 千焦 | 蛋白质·········3.4克 |
|---|---|
| | 脂肪···········8.6克 |
| | 碳水化合物····13.9克 |
| | 膳食纤维·········2克 |

口感筋道，让人上瘾

## 黄油酱烧培根莲藕

食材（2人份）

| 莲藕·············150克 | 酱油·············1大匙 |
|---|---|
| 黄油··············10克 | 白芝麻···········1小匙 |
| 培根（切成1厘米宽的条） | 蒜末·············适量 |
| ···············20克 | 葱花·············适量 |

做法

1. 莲藕去皮后切成5毫米厚的片儿，浸泡在醋水中。

2. 炒锅烧热，倒入黄油，待溶化后，放入蒜末和培根，调小火翻炒，将培根的油脂煸出来。

3. 再倒入沥去水的莲藕翻炒。最后倒入酱油，撒上白芝麻和葱花即可。

【要点】
莲藕可以切得厚一些，吃起来更酥脆。

# 盐葱炒鸡脆骨

食材（2人份）

| | |
|---|---|
| 鸡脆骨……………100克 | 盐………………1小匙 |
| 杏鲍菇……………1个 | 柠檬（挤汁）……1/2个 |
| 葱（斜切成1厘米宽的 | 橄榄油…………1/2大匙 |
| 段）……………1/2棵 | |

做法

1. 杏鲍菇去根后切成块儿。

2. 炒锅烧热，倒入橄榄油，按照鸡脆骨、杏鲍菇块儿、葱段的顺序倒入锅中翻炒。

3. 全部炒透后，加入盐和柠檬汁，翻炒一下即可。

【要点】

鸡脆骨在盐的调和下，变得美味无比。

热量
**373**
千焦

| | |
|---|---|
| 蛋白质………8.1克 | |
| 脂肪…………3.5克 | |
| 碳水化合物…9.1克 | |
| 膳食纤维……2.1克 | |

# 根茎菜肉丁咖喱

**食材（2人份）**

混合肉馅·············100克
芋头（切成小块儿）······1个
胡萝卜（切成小块儿）··50克
莲藕（切成小块儿）···100克
米饭（糙米）··········300克
橄榄油·············1/2大匙
盐、胡椒···········各少许
姜末··················5克

蒜末················适量

**料汁**

番茄罐头············50克
水··············100毫升
鸡精··············1/2小匙
盐················1/4小匙
胡椒················少许
酱油··············1/2大匙
咖喱粉··············1大匙

**做法**

1. 炒锅烧热，倒入橄榄油、姜末、蒜末，调成中火，炒至蒜末微微变色。

2. 倒入混合肉馅炒散，再加盐和胡椒。

3. 待肉馅充分炒透后，放入切好的芋头、胡萝卜和莲藕翻炒。

4. 再倒入事先调好的料汁，调中火煮5分钟。

5. 将米饭盛入大碗中，浇上炒好的菜即可。

> **【要点】**
> 蔬菜经过咖喱调味，口感很棒。让孩子开心享用吧。

蛋白质·········16.1克
脂肪·········12.1克
碳水化合物····73.7克
膳食纤维·······5.1克

热量
**1993**
千焦

# 猪肉炖牛蒡

食材（2人份）

| | |
|---|---|
| 猪五花肉·········100克 | 葱花·············适量 |
| 牛蒡···········100克 | 料汁 |
| 胡萝卜··········50克 | 高汤·········100毫升 |
| 芝麻油········1/2大匙 | 酱油···········1大匙 |
| | 甜料酒·········1大匙 |

做法

1. 猪肉切成块儿。牛蒡切成块儿，浸泡在醋水里。
   胡萝卜去皮，竖切成两半后，再斜切成块儿。

2. 炒锅烧热后，倒入芝麻油，放入猪肉翻炒。

3. 倒入切好的牛蒡和胡萝卜翻炒，再倒入事先调好
   的料汁，调中火炖3~5分钟。

4. 盛入盘中，撒上葱花。

【要点】
　根茎类蔬菜在切法上下点功夫，就能
丰富口感。

热量
**1306**
千焦

| | |
|---|---|
| 蛋白质·········8.5克 | |
| 脂肪··········23.2克 | |
| 碳水化合物······14.1克 | |
| 膳食纤维········3.7克 | |

热量
**745**
千焦

| | |
|---|---|
| 蛋白质·········10.5克 | |
| 脂肪···········9.2克 | |
| 碳水化合物·····12.3克 | |
| 膳食纤维········3.5克 | |

# 黄豆炖小鱼干

食材（2人份）

| | |
|---|---|
| 水煮黄豆········100克 | 花生油··········适量 |
| 小鱼干··········15克 | 料汁 |
| 熟芝麻··········1大匙 | 酱油···········1大匙 |
| 淀粉··········1/2大匙 | 甜料酒·········1大匙 |
| | 红砂糖·········1小匙 |

做法

1. 将泡好的黄豆沥去水，
   裹上淀粉。

【要点】
黄豆炸过后
口感更佳。

2. 将黄豆和小鱼干放入180℃的热油中稍微炸
   一下。

3. 炒锅中倒入事先调好的料汁，开火煮一下。
   再放入炸好的黄豆和小鱼干，撒上熟芝麻，
   炖到没有汤汁即可。

# 芝麻醋拌细萝卜干

| 食材（2人份） | 料汁 | |
|---|---|---|
| 细萝卜干·········20克 | 白芝麻·········1大匙 | |
| 胡萝卜（切成丝） | 芝麻粉·········1/2大匙 | |
| ·········15克 | 醋·········1大匙 | |
| 豆芽·········30克 | 红砂糖·········1/2小匙 | |
| | 酱油·········1/2小匙 | |

做法

1. 细萝卜干用水泡一下，沥去水。

2. 和胡萝卜丝、豆芽一起用沸水焯一下。

3. 把做料汁用的佐料倒入碗中调匀，再放入细萝卜干、胡萝卜丝和豆芽拌匀。

【要点】

这道菜可以感受与炖菜不一样的口感。

蛋白质·········2.4克
脂肪·········3.7克
碳水化合物·········10克
膳食纤维·········2.9克

热量
**331**
千焦

---

# 芋头炖鱿鱼

| 食材（2人份） | 酱油·········1/2大匙 |
|---|---|
| 鱿鱼·········150克 | 料汁 |
| 料酒·········1大匙 | 高汤·········200毫升 |
| 芋头·········300克 | 红砂糖·········1小匙 |
| 扁豆·········2根 | 甜料酒·········1大匙 |

做法

1. 将鱿鱼身切成1厘米厚的圈，鱿鱼腿切成段。芋头去皮后浸泡在水里。扁豆去筋后用盐开水焯一下，斜切成段。

2. 沸水中倒入料酒，放入切好的鱿鱼，煮至变色后捞出。

3. 炒锅中放入芋头和事先调好的料汁，开火，盖上锅盖。由中火调至小火，直到芋头煮软。

4. 芋头煮软后，倒入步骤2煮过的鱿鱼和酱油，再用微火炖3分钟左右。

5. 盛入碗中，撒上扁豆段即可。

热量
**938**
千焦

【要点】

筋道的鱿鱼和软糯的芋头组合在一起，让孩子感受不同的口感。

蛋白质·········18.6克
脂肪·········1.1克
碳水化合物·········32.3克
膳食纤维·········3.2克

# 辣拌菠菜竹轮

食材（2人份）

竹轮（切成1厘米厚的片儿）
·······················50克
菠菜······················150克
芝麻粉···················1/2小匙

料汁

高汤························1大匙
酱油····················1/2大匙
辣椒························3克

做法

1. 菠菜用沸水焯过后沥去水，切成4~5厘米长的段。

2. 将切好的竹轮和步骤1做好的菠菜盛入碗中，倒入事先调好的料汁拌匀。

3. 撒上芝麻粉即可。

| 蛋白质 | 5.6克 |
|---|---|
| 脂肪 | 1.4克 |
| 碳水化合物 | 7.6克 |
| 膳食纤维 | 2.7克 |
| 铁 | 1.6毫克 |

热量 251 千焦

# 风味魔芋

食材（2人份）

魔芋······················100克
芝麻油···················1小匙
小鱼干···················5克

料汁

酱油······················2大匙
红砂糖···················1小匙
甜料酒···················1大匙

做法

1. 先把魔芋切成2厘米见方的块儿，用开水焯一下。

2. 炒锅烧热后，倒入芝麻油，将魔芋块儿稍微炒一下，倒入事先调好的料汁，由中火调至小火。

3. 煮到锅中只有少量高汤时关火。盛入碗中，撒上小鱼干即可。

| 蛋白质 | 3.5克 |
|---|---|
| 脂肪 | 2.1克 |
| 碳水化合物 | 8.4克 |
| 膳食纤维 | 1.1克 |

热量 293 千焦

# 可可脆饼干

热量 862 千焦

食材（2人份）

低筋面粉···············120克
无糖可可粉···············20克
酵母····················1/2小匙
鸡蛋························1个
牛奶························1大匙
红砂糖···················50克
杏仁························30克
葡萄干···················20克

| 蛋白质 | 5.4克 |
|---|---|
| 脂肪 | 5.7克 |
| 碳水化合物 | 34.6克 |
| 膳食纤维 | 2.4克 |

做法

1. 将低筋面粉、无糖可可粉、酵母搅拌均匀后，放置一会儿。将杏仁和葡萄干切碎。

2. 将鸡蛋打入碗中，再倒入牛奶，用打泡器搅匀。将红砂糖分2次加入，再次搅匀。

3. 更换搅拌刀，将低筋面粉、无糖可可粉、酵母分3次加入，再放入切碎的杏仁与葡萄干一起搅拌。

4. 在烤箱板上，将面团摊成高1厘米像海参一样的形状，以170℃烘烤25分钟。

5. 期间取出1次，切成1厘米厚的片儿，再以160℃烘烤15分钟。

热量
**490**
千焦

蛋白质 ········· 13.2克
脂肪 ·············· 3.1克
碳水化合物 ······· 9克

均衡人体所需的氨基酸，更好地促进消化吸收

# 嫩滑鸡肉沙拉

食材（2人份）

鸡胸肉（切成薄片）······· 100克
盐、胡椒 ·············· 各少许
淀粉 ···················· 1大匙
生菜（撕成大片儿）······· 150克
小番茄 ·················· 3个
洋葱调味汁 ·············· 1大匙

做法

1. 鸡胸肉加盐与胡椒调和入味，
   裹上淀粉后，在沸水中焯一
   下，然后放入冷水中，备用。
2. 生菜用沸水焯一下。小番茄对
   半切开。
3. 将上述备好的食材放入容器中，
   食用前浇上洋葱调味汁即可。

【要点】
鸡胸肉裹上淀粉烹调，口感更润滑。

## 洋葱调味汁

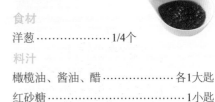

食材

洋葱 ···················· 1/4个

料汁

橄榄油、酱油、醋 ········· 各1大匙
红砂糖 ·················· 1小匙
黑胡椒 ·················· 少许

做法及保存方法

　　将洋葱研磨成泥，与调好的料汁混
合。冰箱冷藏可保存1周。

# 姜烧猪肉蘑菇

## 食材（2人份）

猪肉片（姜烧用）····200克
洋葱（切成条）·······1/2个
口蘑·················50克
杏鲍菇（切成条）·····50克
卷心菜（切成丝）····150克
小番茄·················4个

橄榄油···············1/2大匙

## 料汁

生姜（碾成泥）·········1片
酱油·················1大匙
甜料酒···············1大匙
蜂蜜·················1小匙

## 做法

1. 口蘑去根后撕成条。

2. 平底锅中倒入橄榄油，开火，放入切好的猪肉、洋葱、杏鲍菇和口蘑翻炒。

3. 全部炒透后，倒入事先调好的料汁，炒至高汤只剩一半。

4. 与切好的卷心菜、小番茄一起盛入盘中。

> **【要点】**
> 猪肉含维生素$B_1$，可促进糖类代谢。

蛋白质········21.7克
脂肪··········22.9克
碳水化合物····19.3克
铁············1.5毫克
锌············3.9毫克

热量
**1545**
千焦

# 蒜炒鱿鱼西蓝花

**食材（2人份）**

鱿鱼 ·················· 150克
西蓝花 ·············· 100克
杏鲍菇 ·············· 100克

大蒜（切成薄片）··· 1/2瓣
盐 ·················· 1/3小匙
胡椒 ·················· 少许
芝麻油 ·············· 1小匙

**做法**

1. 鱿鱼切成一口能吃下去的块儿。西蓝花掰成小块儿，用沸盐水焯一下。杏鲍菇去根，也切成一口能吃下去的块儿。

2. 平底锅中倒入芝麻油和蒜片，开火。当炒出蒜香时，放入切好的鱿鱼和杏鲍菇翻炒。

3. 加盐，与胡椒和西蓝花一起炒熟。

**【要点】**
富含氨基酸的鱿鱼和含维生素K的西蓝花搭配在一起，可以促进新陈代谢。

**热量**
**476**
**千焦**

蛋白质 ·············· 17.3克
脂肪 ·················· 3.4克
碳水化合物 ·········· 6.7克
维生素K ············ 1.5微克

---

# 奶油小白菜炖虾

**热量**
**757**
**千焦**

蛋白质 ·············· 15.8克
脂肪 ·················· 8.2克
碳水化合物 ·········· 11.6克
钙 ·················· 224毫克

**【要点】**
虾的蛋白质与牛奶的钙可增强骨骼代谢。

**食材（2人份）**

去壳的虾 ············ 100克
小白菜（切成3厘米长的段）············ 1/2棵
口蘑 ·················· 50克
小麦粉 ·············· 1/2大匙

芝麻油 ·············· 1小匙
**料汁**
牛奶 ·············· 300毫升
鸡精 ·················· 2小匙
黑胡椒 ·················· 少许

**做法**

1. 口蘑去根后撕成条。

2. 平底锅中倒入芝麻油，开火，放入虾和口蘑翻炒。

3. 全部炒透后，倒入小麦粉，翻炒至不见粉末。

4. 再倒入小白菜和事先调好的料汁，小火煮5分钟即可。

颜色丰富，赏心悦目

# 豆腐小炒

食材（2人份）

猪五花肉 ············· 50克
豆腐 ··············· 100克
鸡蛋 ················ 1个
口蘑 ··············· 50克
扁豆 ················ 3根

松鱼干 ·············· 3克
橄榄油 ·············· 1小匙

料汁

甜料酒 ·············· 1小匙
酱油 ··············· 1小匙

做法

1. 豆腐切成1厘米厚的块儿，用厨房用纸吸去多余的水分。猪肉切成一口能吃下去的薄片。口蘑去根后撕成条。扁豆去筋后切成段。

2. 平底锅中倒入橄榄油，开火，把豆腐煎至表面微微变色。

3. 将豆腐拨到锅边，倒入猪肉和口蘑翻炒，再倒入事先打散的鸡蛋液炒散。

4. 食材炒透后，放入扁豆和事先调好的料汁，最后加入松鱼干拌匀。

【要点】
猪肉、豆腐、鸡蛋的组合，可以让孩子同时摄取多种蛋白质。

热量
**991**
千焦

蛋白质 ·········· 12.4克
脂肪 ··········· 18.3克
碳水化合物 ······ 4.6克

---

富含铁质和维生素B$_{12}$

# 蛤蜊卷心菜咖喱汤

【要点】
咖喱的香味可以促进孩子的胃肠蠕动。

食材（2人份）

带壳蛤蜊 ············· 10个
卷心菜 ·············· 30克
小番茄 ·············· 4个
大蒜（切成薄片）····· 2瓣
白葡萄酒 ············· 2大匙

橄榄油 ············· 1/2大匙

料汁

高汤粉 ············· 1/2小匙
水 ··············· 200毫升
咖喱粉 ·············· 1小匙

做法

1. 待蛤蜊吐净沙子后冲洗干净。卷心菜切成方便入口的片儿。小番茄去蒂，对半切开。

2. 平底锅中倒入橄榄油和蒜片，开中火，炒出香味后，加入蛤蜊和白葡萄酒，盖上锅盖。

3. 待蛤蜊全部开口后，放入切好的卷心菜、小番茄和事先调好的料汁，调至小火煮3分钟左右。

热量
**347**
千焦

蛋白质 ·········· 5.4克
脂肪 ··········· 3.6克
碳水化合物 ······ 5.3克
铁 ············· 0.9毫克

# 毛豆玉米米饭沙拉

食材（2人份）

| | | 料汁 | |
|---|---|---|---|
| 米饭（糙米） | 300克 | 橄榄油 | 1大匙 |
| 熟毛豆 | 50克 | 柠檬（挤汁） | 1个 |
| 玉米粒 | 30克 | 盐 | 1/4小匙 |
| 香菜 | 适量 | 黑胡椒 | 少许 |

做法

1. 将事先调好的料汁倒入米饭中，用饭匙拌匀。
2. 放入熟毛豆和玉米粒，搅拌均匀。盛入碗中，点缀上香菜即可。

热量
**1498**
千焦

| 蛋白质 | 7.6克 |
|---|---|
| 脂肪 | 8.8克 |
| 碳水化合物 | 61克 |
| 铁 | 1毫克 |
| 锌 | 1.5毫克 |

【要点】
这道菜虽然制作简单，但色彩丰富，口味清淡。即使孩子胃口不好，也能多吃几口。

# 培根土豆沙拉

食材（2人份）

| | | | |
|---|---|---|---|
| 土豆 | 200克 | 橄榄油 | 1/2小匙 |
| 培根（切成3毫米的薄片） | 10克 | 料汁 | |
| | | 醋 | 2小匙 |
| 调味汁（市场有售） | | 红砂糖 | 1/4小匙 |
| | 2大匙 | 盐 | 少许 |

做法

1. 土豆去皮，切成便于入口的块儿，煮软。
2. 土豆煮软后沥去水，趁热倒入事先调好的料汁，搅拌均匀。
3. 平底锅中倒入橄榄油，放入培根，小火煎至焦脆。
4. 待培根稍凉后，倒入步骤2做好的土豆泥和调味汁，再次搅拌均匀。

【要点】
趁热调味，土豆更容易入味。

热量
**711**
千焦

| 蛋白质 | 2.3克 |
|---|---|
| 脂肪 | 9.4克 |
| 碳水化合物 | 19.1克 |

| 蛋白质 | 12克 |
|---|---|
| 脂肪 | 9.6克 |
| 碳水化合物 | 31.8克 |
| 叶红素 | 406微克 |
| 铁 | 1.1毫克 |
| 锌 | 1.7毫克 |

热量
**1105**
千焦

# 鳗鱼海苔卷

材料

| | | | |
|---|---|---|---|
| 蒲烧鳗鱼 | 50克 | 寿司饭 | 150克 |
| 黄瓜（竖切成4等份） | | 烤海苔 | 1片 |
| | 1/4根 | 橄榄油 | 1/2小匙 |
| 鸡蛋 | 1个 | | |

注：寿司饭是在做好的米饭中倒入寿司醋，拌匀并放凉。

做法

1. 将蒲烧鳗鱼竖切成4等份。
2. 平底锅中倒入橄榄油，开火，倒入打散的鸡蛋液翻炒。
3. 在砧板上铺好烤海苔，将寿司饭平铺在上面，放上鳗鱼条、黄瓜条、炒鸡蛋后，仔细卷成卷。
4. 再切成1.5厘米厚的块儿，盛入盘中即可。

【要点】
　　鳗鱼所含的维生素A有保持黏膜润滑的功能，可提高孩子免疫力。

---

# 海鲜粥

食材（2人份）

| | | | |
|---|---|---|---|
| 米饭（糙米） | 150克 | 鸡精 | 1小匙 |
| 海鲜杂烩 | 40克 | 水 | 200毫升 |
| 小油菜（切成3厘米长的段） | 1/4棵 | 料汁 | |
| | | 生姜泥 | 5克 |
| 枸杞子 | 6粒 | 生抽 | 1/2小匙 |

做法

1. 炒锅中放入所有食材，开中火加热，开锅后，调小火煮至黏稠。
2. 倒入事先调好的料汁，再煮1分钟左右，盛入碗中即可。

【要点】
　　加入海鲜杂烩，可以让孩子轻松摄取富含氨基酸的鱼贝类。

热量
**620**
千焦

| 蛋白质 | 5.3克 |
|---|---|
| 脂肪 | 0.6克 |
| 碳水化合物 | 28.3克 |

热量
**728**
千焦

蛋白质 ·········· 11.7克
脂肪 ············· 12.4克
碳水化合物 ······ 2.7克
膳食纤维 ········· 0.7克

【要点】

纳豆富含膳食纤维、铁、钙等，可以均衡孩子每天所需的营养。

有效摄取孩子发育期必不可少的卵磷脂

# 纳豆鸡蛋卷

食材（2人份）

小粒纳豆（市场有售）
··················· 1盒
鸡蛋 ··················· 3个
牛奶 ················· 1大匙

白萝卜（碾成泥）····50克
葱末 ················· 少许
生抽 ··············· 1小匙
色拉油 ··········· 1/2大匙

做法

1. 碗中倒入纳豆、鸡蛋液、牛奶，搅拌均匀。

2. 平底锅中倒入色拉油，开火，先倒入步骤1调好的食材1/3的量，煎成形后，从里向外卷。

3. 把剩余食材倒入平底锅中，重复2次上一步做法，再做2个蛋卷。

4. 把鸡蛋卷切成2厘米宽的块儿，放上萝卜泥，点缀上香葱末，浇上生抽即可。

# 水菜白萝卜沙拉

## 食材（2人份）

水菜……………20克
白萝卜……………100克
牛蒡……………30克

洋葱调味汁（制作方法
见第76页）………1大匙
花生油……………适量

做法

1. 水菜去根后切成5厘米长的段，白萝卜去皮后切成细条。
2. 牛蒡用削皮器去皮后切成丝，浸泡在醋水里。沥去水后，放入180℃的油中炸至金黄色。
3. 把切好的水菜和白萝卜拌匀，盛到盘里，撒上牛蒡丝。吃之前，淋上洋葱调味汁。

【要点】
　　生的蔬菜搭配炸过的牛蒡，可以补充膳食纤维。

热量
**239**
千焦

蛋白质………1.1克
脂肪…………3.4克
碳水化合物……6克
膳食纤维……1.9克

# 南瓜红豆素杂烩

**食材（2人份）**

南瓜·············200克

红豆（无糖，水煮）

···········50克

酱油·············1大匙

**料汁**

高汤···········200毫升

红砂糖···········1小匙

甜料酒···········2大匙

**做法**

1. 南瓜去籽后切成便于食用的块儿。

2. 炒锅中倒入事先调好的佐料和南瓜一起煮。煮开后，调小火继续煮10分钟。

3. 南瓜煮软后，加入红豆和酱油，再煮3分钟左右。

【要点】
　　南瓜瓤富含膳食纤维，清洗时不要全部丢掉。

热量
**740**
千焦

蛋白质·········5.5克
脂肪·············0.6克
碳水化合物·····35.1克
膳食纤维·······7.1克

# 清炖萝卜丝羊栖菜

热量
**142**
千焦

蛋白质·········0.9克
脂肪·············0.1克
碳水化合物·····7.5克
膳食纤维·······2.1克

**食材（2人份）**

干萝卜丝·········10克

干羊栖菜·········5克

扁豆·············1根

**料汁**

酱油···········1/2大匙

甜料酒·········1/2大匙

醋·············1大匙

水···········100毫升

**做法**

1. 干萝卜丝和干羊栖菜用水泡发。扁豆用加盐的沸水焯熟，切成丁儿。

2. 炒锅中放入沥去水的萝卜丝、羊栖菜，再倒入事先调好的料汁，开火。开锅后，调小火煮3分钟。

3. 盛入碗中，撒上扁豆丁儿即可。

【要点】
　　干货所含的膳食纤维与矿物质不易被破坏，还便于储存。

# 海藻沙拉

食材（2人份）

混合干海藻·······················15克

洋葱调味汁（制作方法见第76页）···1大匙

白芝麻·························1/2小匙

做法

1. 混合干海藻用水泡发。

2. 将泡发好的混合海藻沥去水，切成段。
   盛入盘中，撒上白芝麻。吃之前，淋上
   洋葱调味汁。

【要点】

可以换用自己喜欢的调味汁。

| 蛋白质·········0.6克 |
| 脂肪···········2.1克 |
| 碳水化合物·····2克 |
| 膳食纤维·······0.6克 |

热量 117 千焦

---

# 醋渍菇类

食材（2人份）　　　　料汁

口蘑、杏鲍菇、金针菇　　醋···············2大匙

　　　　各50克　　　芝麻油·········1/2大匙

香菇·············2朵　　炒芝麻·········1小匙

葱末···········少许

做法

1. 口蘑去根后掰成条，杏鲍菇和香菇去根后切成片儿。

2. 沸水中放入所有蘑菇，煮1分钟左右后捞出。

3. 碗中倒入事先调好的料汁，再放入沥去水的蘑菇拌匀。

4. 盛入盘中，撒上葱末。

| 蛋白质·········3.5克 |
| 脂肪···········3.9克 |
| 碳水化合物·····7.9克 |
| 膳食纤维·······3.5克 |

热量 260 千焦

【要点】

菌类含有一种叫β-葡聚糖的膳食
纤维，是排毒不可缺少的成分。

# 海苔拌秋葵

食材（2人份）

秋葵……………………………………8根
烤海苔…………………………………1/2片
料汁
酱油……………………………………1小匙
高汤……………………………………1小匙

做法

1. 秋葵洗净，用加盐的沸水焯过后切成块儿。烤海苔切成丝。
2. 碗中放入切好的秋葵和烤海苔，倒入事先调好的料汁拌匀。

【要点】
秋葵的黏性成分和海苔丰富的矿物质，可以净化身体。

蛋白质………1.4克
脂肪…………0.1克
碳水化合物……3.7克
膳食纤维……2.3克

热量
**71**
千焦

---

# 牛蒡片

食材（2人份）

牛蒡…………100克　　盐……………少许
淀粉…………1大匙　　花生油………适量

做法

1. 牛蒡用削皮器擦成片儿，浸泡在醋水中。
2. 牛蒡沥去水后，裹上淀粉，在180℃的花生油中炸至金黄色。
3. 盛入盘中，撒上盐后拌匀。

【要点】
做成牛蒡片，平日可以当零食吃。

蛋白质………0.8克
脂肪…………5.1克
碳水化合物……10.5克
膳食纤维……3.1克

热量
**372**
千焦

# 黑蜜炒黄豆粉冻

**食材（2人份）**

琼脂冻·····························180克
浓红糖浆··························2大匙
炒黄豆粉··························2克

**做法**

1. 琼脂冻沥去水后切成小块儿。
2. 盛入盘中，浇上浓红糖浆和炒黄豆粉。

> **【要点】**
> 从海藻中提取出来的琼脂是健康甜点，推荐孩子食用。

**热量 247 千焦**

蛋白质·············0.6克
脂肪···············0.3克
碳水化合物·······14.5克
膳食纤维··········0.7克

---

# 清肠胃司康饼

**食材（2人份）**

低筋面粉··········120克　　梅干·····················3个
黄油·················30克　　香蕉·····················1根
泡打粉··········1/2小匙　　柠檬（挤汁）·····1/2个
　　　　　　　　　　　　红砂糖··············10克

**做法**

1. 把低筋面粉、泡打粉和成面团，黄油切成1厘米厚的块儿。
2. 香蕉碾成泥，与切好的梅干、柠檬汁调和。
3. 碗中放入面团与红砂糖揉匀。
4. 加入事先捻成红豆大小的黄油。
5. 再加入步骤2调好的香蕉泥，把面团揉到没有粉末感为止。
6. 案板上撒少许面粉（标量外），把面团拉伸到2厘米厚时，用刀切成块儿。放入220℃的烤箱中烘烤10~12分钟。

> **【要点】**
> 加入香蕉和梅干后，可以增加膳食纤维的摄入量。

**热量 904 千焦**

蛋白质·············2.9克
脂肪···············6.7克
碳水化合物·······35.8克
膳食纤维··········1.6克

87

早餐

奶酪的好口感，增加孩子的满足感

## 小鱼干奶酪饭团

热量
**1310**
千焦

蛋白质 ·········· 9.8克
脂肪 ·············· 5克
碳水化合物 ····· 54.9克
钙 ·············· 124毫克

**食材（2人份）**

米饭（糙米）········ 300克

小鱼干 ·············· 1大匙

奶酪 ················ 30克

小葱 ················ 2根

**做法**

1. 奶酪切成8毫米见方的小块儿，小葱切碎。

2. 将切好的奶酪、葱末、小鱼干与米饭混合，捏成孩子喜欢的饭团形状。

【要点】
奶酪和小鱼干富含钙质。

# 芝麻海带饭团

食材（2人份）

米饭（糙米）……………300克
盐渍海带丝……………5克
炒白芝麻……………1小匙

做法

　　把所有食材调匀，捏成孩子喜欢的形状即可。

【要点】
　　咸味海带和芝麻可以调出自然的味道。这是一道无须费心调味的速成菜。

蛋白质…………4.7克
脂肪……………1.4克
碳水化合物……55.8克

热量
**1084**
千焦

# 金枪鱼蛋黄酱饭团

食材（2人份）　　　　蛋黄酱………1小匙
米饭（糙米）……300克　　小鱼干…………1克
金枪鱼罐头……1/2罐　　黑胡椒………少许

做法

1. 金枪鱼沥去汤汁后切碎，拌上蛋黄酱和小鱼干。
2. 放入米饭中调匀。捏成孩子喜欢的形状，撒上黑胡椒。

【要点】
　　金枪鱼与小鱼干鲜味十足，再加点儿蛋黄酱就更完美了。

热量
**1172**
千焦

蛋白质…………7.7克
脂肪……………2.5克
碳水化合物……54.8克

# 水果麦片奶

食材（2人份）

| | |
|---|---|
| 麦片·················100克 | 葡萄干··············10克 |
| 香蕉（斜切成片）·····1根 | 牛奶·············300毫升 |
| 苹果（切成片）·····1/8个 | 薄荷叶（点缀用）····适量 |

做法

1. 把切好的香蕉、苹果和葡萄干、麦片一起盛入碗中。按照个人喜好，点缀上薄荷叶。
2. 吃之前浇上牛奶。

【要点】

麦片含有助排泄的膳食纤维，可以选择应季水果搭配。

热量
**1473**
千焦

蛋白质········11.1克
脂肪··········12.1克
碳水化合物···36.5克

| 蛋白质 | 8.8克 |
| --- | --- |
| 脂肪 | 6.2克 |
| 碳水化合物 | 54.6克 |
| 钾 | 463毫克 |

热量
**1251**
千焦

# 香蕉花生奶油吐司

**食材（2人份）**

吐司面包……………2片

香蕉（切成厚片）……2根

花生奶酪（无糖）……1大匙

薄荷叶（点缀用）……适量

**做法**

1. 把吐司面包放入烤箱，烤出金黄色。

2. 抹上花生奶酪，再放上香蕉片。按照个人喜好，点缀上薄荷叶即可。

【要点】

花生含有抗氧化作用的维生素E。香蕉不仅甘甜，而且富含膳食纤维。

# 烤蛤蜊鸡蛋卷

食材（2人份）

鸡蛋 ·······························3个
蛤蜊罐头 ·························50克
小葱（切碎）······················3克
橄榄油 ·························1/2大匙

做法

1. 将鸡蛋打入碗中并打散，放入沥去汤汁的蛤蜊肉和葱末，搅拌均匀。
2. 平底锅中倒入橄榄油，开火，先倒入蛋液1/3的量，成形后，由内向外卷成卷。
3. 重复上述操作两次。将做好的鸡蛋卷切成块儿。

【要点】
蛤蜊含有孩子成长过程中必不可少的锌元素。

| 蛋白质 ········· | 15.3克 |
| 脂肪 ········· | 12.1克 |
| 碳水化合物 ······ | 0.9克 |
| 锌 ·········· | 1.9毫克 |

热量
**758**
千焦

| 蛋白质 ········· | 4.3克 |
| 脂肪 ········· | 2.8克 |
| 碳水化合物 ······ | 5.9克 |
| 铁 ·········· | 1.4毫克 |

热量
**264**
千焦

# 小油菜炸豆腐酱汤

食材（2人份）

小油菜（切成5厘米长的段）··········50克
炸豆腐（切成条）···················3块
胡萝卜（切成丝）··················10克
高汤 ·························400毫升
酱 ·····························2大匙

做法

高汤中加入切好的小油菜、炸豆腐、胡萝卜，煮开后关火，加入酱，溶开即可。

【要点】
酱汤中的小油菜和炸豆腐可以补充钙质。

# 鱼肉山芋饼比萨

**食材〔2人份〕**

鱼肉山芋饼············2块
小番茄················4个
小鱼干···············15克
青椒·················1个
液体奶酪············30克

**做法**

1. 小番茄切成片儿，青椒去籽后切成5毫米厚的圈。
2. 把切好的小番茄和青椒放在鱼肉山芋饼上。
3. 再洒上小鱼干和液体奶酪，放入烤箱烤至奶酪溶化即可。

【要点】
　鱼肉山芋饼上可以放满各种食材，像比萨一样，让孩子大口享用吧。

热量
**673**
千焦

蛋白质············15克
脂肪···············4.9克
碳水化合物······14.5克
钙··················105毫克

# 大力水手热香饼

食材（直径10厘米的热香饼，8个）

面粉 ······························· 200克
菠菜 ······························· 100克
牛奶 ······························· 150毫升
鸡蛋 ······························· 1个
色拉油 ····························· 1小匙
蜂蜜 ······························· 适量

做法

1. 菠菜和牛奶倒入食品料理机中搅拌。

2. 把加工好的菠菜牛奶液倒入碗中，加入面粉和打散的鸡蛋液，搅拌均匀。

3. 加热平底锅，然后刷一层薄薄的色拉油。

4. 把适量的混合液快速倒入锅中，待表面出现气泡后，把成形的面饼翻面，调小火煎1~2分钟。按照个人喜好，加入适量蜂蜜。

【要点】
很多孩子不喜欢吃菠菜，但用菠菜做的面饼一定喜欢吃。

蛋白质 ········ 14.8克
脂肪 ·········· 12.2克
碳水化合物 ···· 88.1克
铁 ············ 1.5毫克
钙 ············ 231毫克

热量
2168
千焦

热量
**1193**
千焦

| | |
|---|---|
| 蛋白质 ·············· | 10.7克 |
| 脂肪 ················· | 8.4克 |
| 碳水化合物 ········ | 41.8克 |
| 维生素A ··········· | 239.5微克 |

讨厌胡萝卜的孩子也爱吃

# 法式胡萝卜吐司

## 食材（2人份）

法式棍面包（切成2厘米
厚的片儿）··········4片

鸡蛋 ················1个

牛奶 ············150毫升

胡萝卜（碾成泥）····30克

蜂蜜 ················1大匙

黄油 ················5克

细叶芹（点缀用）····适量

做法

1. 把鸡蛋打入碗中打散，加入牛奶、胡萝卜泥、蜂蜜调匀，倒入平盘中，放入面包片。

2. 平底锅中倒入黄油，开火，放入浸泡过的面包片，由中火到小火煎至两面焦脆。按照个人喜好，点缀上细叶芹。

【要点】
  加入胡萝卜的吐司营养丰富。

热量
**523**
千焦

| | |
|---|---|
| 蛋白质 | 2克 |
| 脂肪 | 4.8克 |
| 碳水化合物 | 18.7克 |
| 钾 | 356毫克 |
| 膳食纤维 | 1.9克 |

获得满足感的同时，营养丰富

# 香蕉杏仁麦芬

食材（直径3厘米的麦芬，5个）

米粉 ················· 60克

红砂糖 ·············· 2大匙

杏仁粉 ·············· 10克

泡打粉 ·············· 1/2小匙

香蕉 ················· 1根

杏仁片 ·············· 5克

牛奶 ················· 80毫升

色拉油 ·············· 1大匙

【要点】

享受软糯口感的同时，可以增加矿物质的摄入量。

做法

1. 将米粉、红砂糖、杏仁粉、泡打粉倒入碗中调匀。

2. 再倒入牛奶、色拉油，用打泡器搅拌均匀。

3. 将香蕉碾成泥，和杏仁片一起放入打泡器中，搅拌均匀。

4. 分别倒入5个纸杯中，七八分满即可。放入180℃的烤箱中烘烤20分钟。

# 可可磅蛋糕

食材（直径18厘米的磅蛋糕，1个）

低筋面粉·····························90克

可可粉·······························10克

泡打粉······························1/2小匙

红砂糖·······························60克

黄油·································70克

鸡蛋·································2个

核桃仁·······························30克

做法

1. 将低筋面粉、可可粉、泡打粉混合，放置一会儿。

2. 黄油放入碗中，用打泡器搅拌至白色。

3. 分两次放入红砂糖，搅拌均匀。

4. 逐个打入鸡蛋，搅拌均匀。

5. 把步骤1调好的食材分3次加入，搅拌均匀。再加入核桃仁，充分搅拌。

6. 倒入磅蛋糕模具中，在170℃的烤箱中烘烤30~40分钟。期间，如果发现有烤焦的情况，就盖上铝箔纸。把竹签扎进去，没有面液粘连的话就完成了。

【要点】

可可粉、核桃仁含铁和镁，可增加矿物质的摄入量。

蛋白质··········5.6克
脂肪··········1.4克
碳水化合物·····7.6克
铁··········1.6毫克

热量
624
千焦

# 红豆荞麦球

食材（直径3厘米的团子，6个）

荞麦粉·······················50克
水·························75毫升
红豆（水煮、加糖）···········50克
黄豆粉（炒熟）···············1小匙

做法

1. 炒锅中倒入荞麦粉与水，搅拌均匀。

2. 开小火，用木质刮刀搅拌，熬成固态。

3. 分成6等份，用手搓成球状。

4. 放入盘中，浇上煮好的红豆，再撒上炒熟的黄豆粉。

蛋白质·········4.5克
脂肪···········1.2克
碳水化合物·····30克
膳食纤维·······2.1克

热量
**624**
千焦

【要点】
　　荞麦粉含有提高代谢功能的维生素B$_1$、多酚类物质和芦丁。

---

# 风味葱糕

食材（2人份）

低筋面粉···········75克
香葱（切碎）········5克
温水···········40毫升
芝麻油···········1小匙

水淀粉·············适量

料汁

酱油···········1大匙
甜料酒···········1大匙
红砂糖···········1大匙

做法

1. 将低筋面粉、香葱末、温水倒入容器中，混合后揉成直径4~5厘米的面团，覆上保鲜膜，在常温下放置30分钟左右。

2. 将面团分成4等份。平底锅中倒入芝麻油，开火，烧热后放入面团，煎至两面金黄。

3. 在另一小锅中倒入事先调好的料汁，开火，煮开后加入水淀粉，搅拌至黏稠。

4. 将葱糕盛入盘中，浇上步骤3做好的调料汁。

【要点】
　　葱富含维生素，能提高免疫力。

蛋白质·········3.8克
脂肪···········2.7克
碳水化合物·····39.9克

热量
**883**
千焦

# 酸奶冻糕

食材（2人份）

| | |
|---|---|
| 桃罐头…………60克 | 葡萄干…………10克 |
| 锅巴…………40克 | 核桃仁…………4个 |
| 无糖酸奶………100克 | 薄荷叶（点缀用）………适量 |

做法

1. 桃沥去糖水后，切成1厘米见方的块儿。
2. 在容器中交替放入锅巴和桃块儿，浇上酸奶，再放上葡萄干和核桃仁。按照个人喜好，点缀上薄荷叶。

热量
**753**
千焦

蛋白质…………4.3克
脂肪…………6.3克
碳水化合物……30.2克

【要点】
锅巴口感酥脆，营养丰富，可以补充维生素和矿物质。

# 胡萝卜酸奶果冻

食材（2人份）

| | |
|---|---|
| 果冻胶……………5克 | 细叶芹（点缀用）……适量 |
| 水……………2大匙 | 料汁 |
| 柠檬（挤汁）……1/2个 | 胡萝卜（碾成泥）……50克 |
| 无糖酸奶………100克 | 牛奶…………150毫升 |
| | 红砂糖……………1大匙 |

做法

1. 果冻胶放入水中泡开。
2. 小锅中倒入事先调好的料汁，开小火加热，在马上开锅前关火，加入泡开的果冻胶。
3. 酸奶和柠檬汁倒入碗中，再将步骤2做好的食材慢慢倒入，充分搅拌。
4. 将步骤3调好的食材倒入另一碗中，冷却凝固。按照个人喜好，点缀上细叶芹。

【要点】
这杯饮品可以同时摄取胡萝卜的叶红素、乳制品的钙质、果冻胶的胶原蛋白。

热量
**494**
千焦

蛋白质…………6.7克
脂肪…………4.4克
碳水化合物……13.1克
钙…………150毫克
维生素A………396微克

# 炒黄豆粉豆腐甜甜圈

食材（直径5厘米的甜甜圈，10个）

| | |
|---|---|
| 烤饼专用粉····100克 | 花生油··········适量 |
| 豆腐··········100克 | 黄豆粉（炒熟） |
| 香蕉···········1根 | ···········1小匙 |
| 蜂蜜··········1大匙 | |

做法

1. 将香蕉和豆腐放入碗中，用勺子碾成泥。

2. 倒入蜂蜜搅拌，再加入面粉调匀。

3. 将步骤2调好的食材放入170℃的热油中，炸至金黄色捞出，撒上炒熟的黄豆粉即可。

【要点】

把富含蛋白质和钙的豆腐做出令孩子喜欢的点心。

热量
**360**
千焦

| | |
|---|---|
| 蛋白质··········1.6克 | |
| 脂肪··········3.9克 | |
| 碳水化合物···11.5克 | |

# 南瓜蒸糕

食材（直径6厘米的麦芬蒸糕，6个）

| | |
|---|---|
| 南瓜（去皮）·······100克 | 红砂糖··············1大匙 |
| 黄油··············10克 | 牛奶··············2大匙 |
| 葡萄干············15克 | 佐料 |
| | 低筋面粉··········100克 |
| | 泡打粉·············1小匙 |

做法

1. 南瓜去皮后切成一口能吃下去的块儿，蒸软。将佐料混合调匀，备用。

2. 将蒸软的南瓜盛入碗中，用勺子碾成泥，倒入黄油和红砂糖搅匀，再放入葡萄干、牛奶和事先调好的佐料，搅拌均匀。

3. 将步骤2调好的食材分别倒入6个纸杯中，七八分满，放入蒸锅蒸10分钟即可。

【要点】

南瓜富含膳食纤维与叶红素，本身就有甜味，要少放糖，非常适合孩子吃。

热量
**440**
千焦

| | |
|---|---|
| 蛋白质··········2克 | |
| 脂肪···········1.9克 | |
| 碳水化合物······19.6克 | |
| 膳食纤维·······1.2克/个 | |

# 甜薯球

食材（2人份）

红薯·············300克　蜂蜜···········1/2大匙
牛奶·············3大匙　蛋黄·············1个

做法

1. 红薯切成1厘米厚的片儿，放入水中，然后沥去水，用中火蒸5分钟。
2. 把蒸好的红薯片儿去皮，用勺子碾成泥。
3. 倒入牛奶和蜂蜜调匀，揉捏成球形。
4. 把蛋黄打散，刷在红薯球上，放入烤箱烤5~10分钟。

【要点】
　　蒸红薯比用微波炉加热的更甜，还是花时间用蒸锅蒸吧。

热量
1076
千焦

蛋白质·············3.8克
脂肪·············3.7克
碳水化合物····52.4克

蛋白质·············3.6克
脂肪·············2.9克
碳水化合物·····9.2克
钙·············167毫克

热量
322
千焦

# 橘子牛奶果冻

食材（2人份）

牛奶·········300毫升　水·············2大匙
红砂糖·········2大匙　橘子罐头·········30克
果冻胶·········5克　薄荷叶（点缀用）···适量

做法

1. 果冻胶放入水中泡开。
2. 小锅内倒入砂糖和牛奶，开小火。
3. 煮沸前，加入泡开的果冻胶搅匀。煮沸后，倒入杯中冷却。
4. 放上3瓣橘子。根据个人喜好，点缀上薄荷叶即可。

【要点】
　　果冻胶富含骨胶原。这是一杯让人口感清爽的饮品。

# 增高食谱的搭配

下面将对本书中所列举的食谱进行组合搭配，请家长参考。

## 早餐（中式）
### 2809千焦

**让身体温暖起来，开始新的一天**

**水果、乳制品**

> 添加应季水果

**主菜**

锡纸烤鲑鱼蘑菇

904千焦（第40页）

**蔬菜**

芝麻醋拌细萝卜干

331千焦（第74页）

**主食**

小鱼干奶酪饭团

1310千焦（第88页）

**汤类**

小油菜炸豆腐酱汤

264千焦（第92页）

## 早餐（西式）
### 2816千焦

**在柔软食物为主的西餐中添加有嚼劲的食材**

**水果、乳制品**

香蕉坚果酸奶

615千焦（第67页）

**主菜**

羊栖菜炒鸡蛋

448千焦（第51页）

**蔬菜**

卷心菜玉米甜酸沙拉

150千焦（第54页）

**主食**

奶油奶酪三文鱼三明治

1335千焦（第21页）

**汤类**

培根蔬菜汤

268千焦（第63页）

## 恢复体力的食谱
### 3248千焦

**选择富含柠檬酸和B族维生素的食材**

**主菜**

小葱猪肉卷

833千焦（第30页）

**蔬菜**

番茄葡萄柚沙拉

385千焦（第66页）

**主食**

毛豆玉米米饭沙拉

1498千焦（第80页）

**汤类**

足料蔬菜汤

532千焦（第62页）

## 增强肌肉力量的食谱
### 2896千焦

**多摄取高品质蛋白质很重要**

**主菜**

脆咸萝卜炖牛筋

1063千焦（第32页）

**蔬菜**

金枪鱼拌羊栖菜

193千焦（第59页）

**主食**

小鱼干玉米拌饭

1200千焦（第13页）

**汤类**

自制豆汁酱汤

440千焦（第61页）

## 增强耐力的食谱
### 3395千焦

**选好下饭菜，补充碳水化合物**

主菜

牛肉小炒
1218千焦（第35页）

蔬菜

凉拌小鱼干油菜
301千焦（第53页）

主食

干虾菜叶饭团
1160千焦（第17页）

汤类

玉米蘑菇奶油浓汤
716千焦（第62页）

## 坚固骨骼的食谱
### 2992千焦

**不仅补充钙质，还能吸收镁、锌、维生素D和维生素K**

主菜

竹荚鱼汉堡
720千焦（第36页）

蔬菜

花生酱拌西蓝花
272千焦（第55页）

主食

羊栖菜蒸饭
1243千焦（第15页）

汤类

奶油小白菜炖虾
757千焦（第78页）

## 预防贫血的食谱
### 2988千焦

要多摄取铁质和维生素C

**主菜**

炖冻豆腐
494千焦（第45页）

**蔬菜**

清炖萝卜丝
羊栖菜
142千焦（第84页）

**主食**

猪肝韭菜炒饭
2172千焦（第19页）

**汤类**

红椒浓汤
180千焦（第63页）

## 增强免疫力的食谱
### 3100千焦

深色蔬菜多含有增强免疫力的营养成分

**主菜**

蒜炒鱿鱼西蓝花
476千焦（第78页）

**蔬菜**

南瓜红豆素杂烩
740千焦（第84页）

**主食**

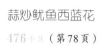

胡萝卜杏仁黄油饭
1415千焦（第14页）

**汤类**

芋头芝麻酱汤
469千焦（第61页）

## 防治便秘的食谱
### 2871千焦

**多补充富含膳食纤维的蔬菜、海藻等**

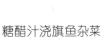

主菜
糖醋汁浇旗鱼杂菜
1155千焦（第43页）

蔬菜
拌裙带菜梗
88千焦（第59页）

主食
烩金枪鱼饭团
1285千焦（第19页）

汤类
什锦素汤
343千焦（第60页）

## 增强食欲的食谱
### 3059千焦

**让味道更加丰富，增进食欲**

主菜
主食
墨西哥饭
2369千焦（第16页）

蔬菜
胡萝卜缎带沙拉
368千焦（第56页）

汤类
番茄鸡蛋汤
322千焦（第64页）

# 第二章　让孩子长高的基础知识

面对"身高是否与遗传有关系""如何长得更高"等

有关孩子身高的问题，

儿科专家将为大家答疑解惑。

正确掌握与增高有关的医学、生活常识，

可以帮助孩子更健康的成长。

 问题1 **父母个子较矮，孩子也长不高吗？**

## 重要的是创造孩子茁壮成长的环境

涉及身高话题，经常会听到"那个孩子个子高，是因为他的父母本来就高""我父母都矮，所以我可能也长不高"……

根据父母的身高的确可以预测孩子的身高（算法见第109页）。有人认为，父母长得矮，孩子一般也长不高。

实际上，也有一家人大都身材小巧，却有一人长得很高的情况。这说明由于饮食、生活习惯等因素的改变，可以弱化遗传影响，使身高发生较大变化。

确凿的证据是：日本人的平均身高比过去提高了。统计数据显示，与明治时代（公元1868—1912年）相比，日本15岁男性身高增长了15厘米，女性增长了11厘米。很明显的原因就是，现在的饮食和环境比过去变好了，这就说明了**身高并非仅仅由遗传决定，饮食、环境等因素也对身高有着很大影响**。

那么，创造什么样的成长环境才能让孩子长得更高呢？下面介绍一下促进身高发育的"养育"方法。

## 问题2 如何促进生长激素的分泌？

## 家人给予无私的爱是关键

身高不仅受遗传影响，也受环境影响。下面的公式可以依据父母的身高计算出孩子最终的身高。

> （父亲身高+母亲身高+13）÷2 = 男孩的预测身高（单位：厘米）
> （父亲身高+母亲身高-13）÷2 = 女孩的预测身高（单位：厘米）

如果努力为孩子创造良好的生活、饮食等成长环境，是可以取得比预测身高更高的效果。

为了促进孩子增高，第一要素是"爱"。如果孩子遭受被父母抛弃、虐待等不正常待遇，在感受不到充满爱意的环境下成长，就会出现身体发育迟缓的状况。另外，如果父母经常吵架，孩子就会精神萎靡，或是过早地成人化而停止发育、生长……

**知道"自己是被爱着的"——这种心理满足的精神状态，能促进孩子生长激素的分泌**。生长激素，顾名思义，就是具有促进骨骼和肌肉生长的功能。

另外，生长激素还有助于促进食物吸收、排出等新陈代谢功能，使孩子获得高质量的睡眠。为了促进具有如此重要作用的生长激素充分分泌，倾全力爱孩子吧！

> 预测身高×环境×关爱 = 预测身高＋N厘米

## 问题3 多喝牛奶就能增高吗？

### 牛奶不可过度饮用，容易导致肥胖

如果问你，最能让孩子长个儿的营养成分是什么？最先浮现在你脑海里的是不是"牛奶中的钙"呢？

事实上，不能轻易认定只喝牛奶就能长大个儿。因为**牛奶中富含的钙是让骨骼长得健壮，而骨骼生长所必需的却是蛋白质。**

以高楼做比喻，建筑物的钢结构框架相当于蛋白质，而增强框架的混凝土是钙。也就是说，只喝钙质丰富的牛奶是不会让身高增长的。

除了钙和蛋白质，促进身高增长的营养成分还有：促进钙吸收和代谢的镁，帮助蛋白质合成、给予骨骼营养的维生素类，帮助身体排出有害物质、促进消化吸收的膳食纤维，促进生长激素分泌的锌，等等。

为了不使这些营养成分失衡，最重要的就是要均衡饮食。

况且，牛奶有高热量、高脂肪的特点，喝得过多会导致肥胖。另外，喝了满满一肚子牛奶，就吃不下饭菜了。根据年龄变化，一般每天喝400毫升左右的牛奶就可以了。

每天喝 400 毫升左右的牛奶就行了

# 如何与牛奶友好相伴

日本人最缺乏的营养成分是钙。补钙最好的办法是喝牛奶。如今到了育龄期的这代人，小时候常被大人提醒"喝牛奶能长大个儿"。但是，现在人们热议的话题是"喝牛奶对身体好"的观念，也就是所谓的"牛奶神话"已经破灭。有些孩子因为过敏而不能喝牛奶，也有人相信牛奶会导致自闭症这种恐怖的说法，还有的素食主义者拒绝喝牛奶。

但是，牛奶确实含有大量成长所需的营养成分。尤其对于处在生长发育期的孩子，建议每天都要喝适量的牛奶。有肥胖倾向的孩子可以喝脱脂奶。脱脂奶去除了脂肪，完整保留了钙和其他营养成分，建议控制热量摄入的人饮用脱脂奶。

对于成年人来说，喝牛奶也有预防骨质疏松、促进身体健康的作用，建议成年人也要适量饮用。但喝牛奶可能会造成血糖上升，导致对人体健康仍有重要作用的生长激素停止分泌，因此，成年人要注意适量饮用。

为了个子长高和身体健康，要喝牛奶

# 问题4 肥胖会导致个子矮吗？

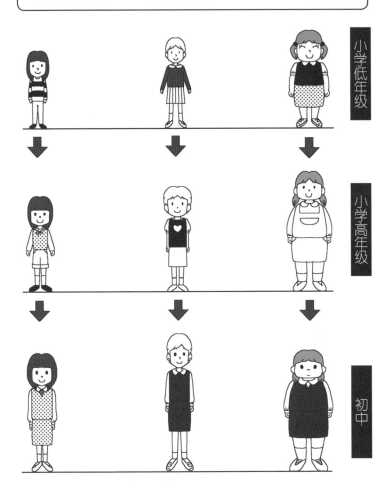

肥胖孩子在小学高年级后就不大长个儿了

小学低年级

小学高年级

初中

## 吃"八分饱"对孩子也适用

在医院，常常有家长对医生说"孩子肚子疼"，怀疑得了肠胃炎。其实就是"吃多了"，是每顿饭吃得太多导致的。

为了孩子健康，为了长高，提供营养均衡的饮食很重要，同时要让孩子**懂得"什么是真正的'吃饱了'"**。

　　保持一点儿饥饿感，胃会分泌一种"葡萄激素"，这种激素作用于脑部下垂体，刺激其大量分泌生长激素。葡萄激素还有提升食欲的作用。相反，吃得太多，会使血糖急速上升，胰岛素大量分泌，妨碍葡萄激素发挥作用，出现生长激素不再分泌的状态。

　　肥胖会造成生长激素难以继续分泌，这也是习惯把肚子填得满满的孩子在发育期间就难以继续增高的原因。

　　市场上销售的小点心、巧克力、冰激凌等，如果吃得过多，也会阻碍生长激素的分泌，给身体发育造成不良影响。

　　**保持生长激素分泌最好的状态就是吃"八分饱"。**

　　另外，细嚼慢咽也能防止吃得太多，摄取的营养还能被更好吸收。要保证一口饭咀嚼30次。

　　建议吃饭时关掉电视，一家人说说笑笑，在愉悦的氛围中用餐。

## 问题 5　孩子不爱吃饭，怎么办?

### 试着改变一下烹饪方法和用餐氛围

　　如果孩子的饭量特别小，要仔细考虑原因是什么。**处于发育期的孩子不爱吃饭的主要原因，要么是"不高兴"，要么是"不好吃"。**

　　分析一下有没有以下情况：管教太严厉，总是批评斥责，父母由于工作原因心情烦躁，夫妻关系紧张等。或者觉得清淡饮食更有益健康而不做孩子喜欢的饭菜，总是吃速冻食品或毫无食欲的食物等，从而让孩子对吃饭产生厌恶感。

　　如果吃饭是一件"高兴又享受"的事儿，营养就会被高效吸收，生长激素也能顺利分泌。

　　如果孩子的饮食"爱憎分明"，可以花心思将他不喜欢的食材切碎，拌在喜欢的饭菜中。

　　吃饭时要关掉电视，和孩子开心地聊聊当天发生了什么，把用餐当作一天中最温馨的团聚时间，尽情地放松。如果有条件，可以定期举办派对。

　　或许有人认为这也太夸张了吧！但发育期孩子的饮食内容和过程的确很重要。发育期较长，也十分宝贵。家长即便再忙，也要和孩子一起用餐。

## 问题6　如何看待吃零食?

### 孩子是否喜欢吃快餐

　　处在发育期的孩子，生长激素每天都会持续分泌。血糖升降急剧变化，会使生长激素停止分泌。因此，可以通过吃点儿零食来避免这种情况的发生。

　　午饭后空腹时间过长，晚饭就会吃得多。如果期间吃点儿零食，能在一定程度上让血糖维持平稳。

　　选择零食的重点是不要含过多的脂肪和糖，以免增加身体负担。

　　**吃零食并不是为了补充热量，而是用来降低空腹感**。建议选择富含膳食纤维的果冻等低热量的零食。

　　孩子有时想吃汉堡、炸薯条等快餐食品，许多人认为是由于体内盐分不够导致的。的确，孩子运动量大，出汗多，会消耗较多的盐分和水分。

　　总吃快餐，对发育期的孩子不是什么好事儿。花点时间，费些心思，选用安全的食材，在家中给孩子做些方便食品不更好嘛。

# 问题7 为什么欧美人个子那么高?

## 骨骺线闭合前，身体会一直增高

　　如下图所示，在骨头端的骨骺线闭合之前，身体是一直在增高的。骨骺线闭合大概在青春期结束的时候。一般认为，男孩在变声后的17岁左右，女孩子在月经开始的12岁左右。

　　那么，欧美人的平均身高比日本人高出10厘米左右，这是什么原因呢？实际上，在青春期结束前，欧美人和亚洲人身体的增高形式没有什么不同。但是，由于日本人的青春期结束得早，因此身高增长也停止得早。造成这种现象的原因有环境、饮食生活和基因差异等，其中**身高和睡眠时间就有着很大关系**。例如，欧美孩子的平均睡眠时间为9~10个小时，远远超出平均睡眠时间只有7小时的日本孩子。

　　睡眠时生长激素分泌得最多。近年来，越来越多的孩子由于玩电子游戏、上辅导班、上学时间早等原因，挤占了睡眠时间。这样下去，身高更难增长了。

　　为了让孩子长高，理想的睡眠时间应该是：学龄前幼儿10小时以上，小学低年级学生10小时左右，小学高年级和初、高中学生9个半小时。

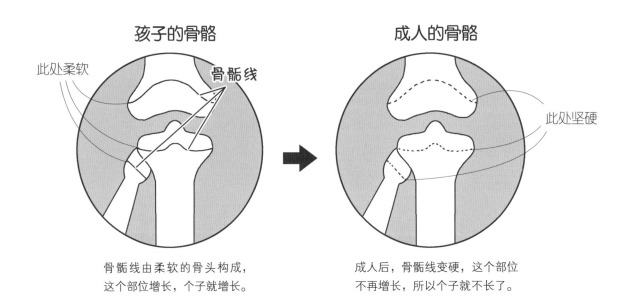

孩子的骨骼　　　　　　　　　成人的骨骼

此处柔软　骨骺线　　　　　　　　　　　　此处坚硬

骨骺线由柔软的骨头构成，
这个部位增长，个子就增长。

成人后，骨骺线变硬，这个部位
不再增长，所以个子就不长了。

## 问题 8　睡眠不足影响长个儿吗?

### 要养成早上床的习惯

常言说"爱睡觉的孩子好养活",睡眠确实非常重要。对身高增长起着重要作用的生长激素,在夜晚睡眠期间的分泌量比白天多得多。特别是睡眠初期,血液中的生长激素浓度达到最高峰。

人躺着的时候会分泌较多的生长激素。躺着的时候,身体不需要用力,骨骼也得到了休养。毋庸置疑,**保证睡眠时间,对于身高增长是非常重要的。**

因此,为孩子提供一个能够熟睡的环境很重要。可以在睡前给孩子读一读书,聊些轻松的话题,让大脑的交感神经转换到副交感神经,帮助孩子安然入睡。另外,对于怕黑的孩子,可以把灯光调暗,让他睡得更踏实。

身体消化食物期间,睡眠会变浅。因此,晚饭要吃到"八分饱",以便第二天的早饭能多吃一些。**睡前2小时内不要吃东西**。要想长得更高,理想状态是随着日落日升上床和起床。如果父母睡懒觉,孩子也会养成这样的习惯。

欧美儿童的夜晚

日本儿童的夜晚

## 问题 9　孩子的精神状态与身高有关吗?

### 要有意识地体验快乐时光

或许有人不相信,控制好自己的心情,养成积极向上的情绪,也是增高的秘诀。这绝不是夸大其词。身高增长与生长激素、甲状腺激素、肾上腺皮质激素等都有密不可分的联系,因为精神状态会对这些激素产生很大影响。

处于负面情绪,不仅会导致成长所需的激素分泌迟滞,还会变得弓腰驼背,个子难再长高也就能够理解了。

天天保持好心情,经常运动,可以加速身体发育。

建议多做一些让全身动起来的有节奏的运动,比如跳绳、慢跑、伸展运动等,轻轻松松就能完成,随时能让心情爽朗起来。

重要的是"开心就好"。无论什么运动,心情不好,还勉强做,就会适得其反。例如,每天早上全家人穿着睡衣一起做广播体操,也是不错的。

全家人共同努力,开开心心地过好每一天吧!

# "腹式呼吸"对改善情绪很有效

被学习、考试"折磨"着的孩子，每天忙忙碌碌，没有时间和精力思考自己的向往是什么，而且他们也不具备这种能力。情绪低落的时候，对脑电波产生的精神压力会抑制各种与生长发育有关的激素分泌。

长此以往，不只是个子长不高，还会使情绪难以控制，越来越消沉，甚至会有一定的攻击性。为此，推荐"腹式呼吸法"，帮助孩子稳定情绪。

"腹式呼吸法"能使内心平静下来，排除憎恨和痛苦情绪，还能帮助孩子重新审视自己、找回自我。当然，还有很多方法，但本书介绍的是最常见的方法。尽可能在晚上睡觉之前，抽时间在床上做一做腹式呼吸。这样做能放松身心，也能增进睡眠，给孩子一个香甜的睡眠状态，进而促进生长激素的分泌。一定要试试看哦！

### 腹式呼吸法（每天5分钟）

1. 晚上上床后，将身体摆成"大"字形。不要用力，放松。

2. 用鼻子缓慢地吸气，鼓起肚子后，再将气体缓慢地从口中吐出（宜慢且长）。反复5分钟。

> **要点**
>
> 吐气比吸气重要。
> 什么也不要想，集中精力，
> 缓慢呼吸。

## 问题 10　怎样算 "个子偏矮" 呢?

### 仔细分析个子矮的原因

如果孩子一年只增高1~2厘米，或者比同性同龄的孩子矮很多，这可能是疾病造成的，需要去医院检查。

如果发现自己的孩子发育比其他孩子迟缓时，建议尽快咨询医生。

儿童医院的内分泌科有对矮个子（生长障碍）的针对性诊疗，综合医院的儿科也有精通发育障碍的专家。检查的内容有身体测量、血液和激素检查等，可以诊断发育是否异常。

如果检查结果没有问题，就不需要治疗。需要治疗时，根据病因不同，有各种针对性的治疗方法，最主要的是发育激素疗法，但治疗费用较高。

青春期至青年期是重要的 "长个儿期"。当你觉得有必要时，别犹豫，要及时去儿科就诊，由专业的医师判断是否需要治疗。

我家孩子没问题吧……

## 主编简介

**中野康伸**

医学博士、日本小儿科学会医师

1979年自治医科大学毕业。曾任川崎市立川崎医院小儿科、神奈川县立儿童医疗中心内科主任，南佛罗里达大学医学院免疫教研室、自治医科大学讲师。1994年任中野儿童医院院长（横滨市港北区），还兼任当地许多幼儿园、保育院、中小学校的校医。

**矶村优贵惠**

营养管理师、厨师

关东学院大学人类环境系健康营养专业毕业。毕业后，在大手专业饮食美容沙龙担任美容师、营养管理师。作为日餐、咖啡厨房管理者，意识到必须制订有的放矢的饮食方案，为此进行了约3年的餐饮学习。随后，为了让全家人（从孩子到大人）能从饮食中获得快乐、健康，参与了许多食谱书籍的编写和商品开发活动。

## 参创人员

版面设计：谷由纪惠

摄　　影：工藤睦子

插　　图：さとうゆり

料理助理：近藤章太、片山爱沙子

料理造型：中岛美穗

策划编辑：冈田澄枝（主妇之友情报社）

------

子どもの身長がぐんぐん伸びるおいしいレシピ150

© Shufunotomo Infos Co., Ltd. 2015

Originally published in Japan by Shufunotomo Infos Co., Ltd.

Translation rights arranged with Shufunotomo Co., Ltd.

Through Shinwon Agency Beijing Representative Office.

Simplified Chinese translation edition ©2019 by Shandong Science and Technology Press Co., Ltd.

版权登记号：图字15-2017-95